只要有合适的土壤，
就一定会让美好破土而出，
最终茁壮成树。

我尝试用爱乐压做咖啡，
它带来层次明朗清晰的味道。
微苦中带点柑橘的酸味。

或许，到了那一天的时候，
你会来到我的梦里，
给我一个大大的拥抱。

白色的沙滩和蓝色的大海只是衬托，
来这里的人才是风景。

你面向阳光，才能继续前行，而背后那些艰难的阴影，
也会因为光的渐亮，让它无所循形。

花开堪折直须折，
莫待无花空折枝。
于我而言，
说的就是这样的道理。

因为不管面对着什么样的生活，
她始终笑靥如花。

那些曾经我们拥有的，
不要忘记，
那些难以得到的，
要更加珍惜，
那些属于自己的，
不要放弃，
那些已经逝去的，
就当作难能可贵的回忆。

做一个积极美好的人，

总归会有好的结果。

爱情、梦想、青春，
都是一条单行道，
走过了，就不会再重来。

////////////////

努力奋斗的意义，

绝不仅仅只是限于赚钱，

或者是博得社会的认同感，

还包括了自我价值的体现，

而最直接的，

就是抚平了你的这份不甘心。

谁都想要过好的生活，

想买好的东西，想随时旅行，

想一切都拥有，没有人喜欢艰辛，

也没有人愿意一直劳累。

你的人生应该在你的手中，

你是舵手，

不然你想让谁来走完你的道路？

为什么我看了那么多励志美文，
还是没办法过好自己的生活。
我说，鸡汤不管饱，
还不如出去吃一顿好的。

失败的原因可能是努力的方向不对，

但更有可能的是，

你不知道自己努力的方向和那个目标是否正确。

总有一天我们会明白，

与自己相处是一件很不容易的事情，

梦想和现实永远都是站在相互对峙却相互平衡的立场，

最需要做出努力和改变的，唯有自己。

你必须非常努力，才能看起来毫不费力

这么远那么近 等◎著

中国青年出版社

图书在版编目（CIP）数据

你必须非常努力，才能看起来毫不费力 / 这么远那么近 等 著 .
-- 北京：中国青年出版社，2015.10
ISBN：978-7-5153-3442-4
I. ①你… II. ①三… III. ①人生哲学 – 通俗读物
IV. ① B821-49

中国版本图书馆 CIP 数据核字（2015）第 210749 号

你必须非常努力，才能看起来毫不费力

作　　者：这么远那么近 等
责任编辑：吕　娜
出版发行：中国青年出版社
经　　销：新华书店
印　　刷：三河市君旺印务有限公司
开　　本：880×1230 1/32 开
版　　次：2015 年 10 月北京第 1 版 2017 年 9 月河北第 4 次印刷
印　　张：8.5
字　　数：150 千字
定　　价：38.00 元
中国青年出版社 网址：www.cyp.com.cn
地址：北京市东城区东四 12 条 21 号
电话：010-57350346（编辑部）；010-57350370（门市）

你必须非常努力，才能看起来毫不费力

目录

你必须非常努力，才能看起来毫不费力

目录

独立
※

你必须非常努力，才能看起来毫不费力

目录

CONTENTS

生活不只眼前的苟且

/ 这么远那么近

当你突然明白生活不仅仅是眼前模样的时候，
那时已经晚了。

更好的自己

01

很多时候，我总是在想，如果一切都已经成为定局，再怎么想去回头和争取，都应该已经是徒劳无功了。爱情、梦想、青春，都是一条单行道，走过了，就不会再重来。

我曾经以为自己的时间有很多很多，多到我可以继续掩耳盗铃地去挥霍感情，多到我可以任性蛮横地伤害自己和他人。而当多年过去之后，当身边的人事快速更换，旧人不见踪影，新人尚未到来，我才恍然大悟，生命的种种际遇不由你控制。

有些爱，散了就不会再来。有些人，离开就消失不见。有些事，破碎就无法再复原。有些时光，注定要成为你的挽歌。

近日得空，去探班好朋友的工作现场，他是模特，平时光鲜亮丽。我到的时候他已经连续拍了五六个小时，其实站在远处看着平日里和自己嬉戏打闹的人，工作起来一本正经，还是有点儿脱戏，不知道哪个才是真实的，就好比熟悉我的人，如果看我的文字或者是听我的节目，都觉得有一种疏离感。

我反倒相信，不管是自己或者是他人的哪一面，都是真实存在的。看着朋友在摄影师的指导下更换各种专业的姿势，为了达到最佳的拍摄效果调整自己，奔跑、跳跃，边看样片边和摄影师耐心沟通，顾不上喝水和休息，心里微微有一丝的感动。

那天朋友工作的场所是在北京高档的写字楼，楼下是大型的高端购物中心，上面是各种的公司和企业，有许多穿着西装和制服的白领来来去去，他们偶尔停留在拍摄现场驻足观看，偷偷说话，拿起手机拍照。

我看着依然不为周遭所动专心拍摄的朋友，看着那些围观的白领和各种忙碌的工作人员，突然觉得，我们都是一样的人。

我们都一样，一样的年轻，一样的意气风发，一样的为了梦想坚持奔走，一样的生活在这座城市里。

不管你是月薪上万的公司职员，还是刚刚步入社会的新鲜人，我们其实没有任何的不同。不管你身在哪座城市，不管你在做怎样的工作，不管你有着怎样的生活，不管是处于镁光灯下接受着掌声和崇拜，还是独自蜷缩在角落默默无闻，我们都一样，都是在生活，都在为了生计奔波。

所以，看到这里的每一位我的朋友，请不要妄自菲薄，请不要盲目低估自己，请不要低估自己的信念，不要留下任何的遗憾，不要一味向后看。

如果你羡慕别人的生活，如果你觉得别人高高在上，如果你觉得自己不够完美，那么也不要只是想想和羡慕，而是真正行动起来，让自己变得强大，走上那样的道路。

只是，在这样努力的过程中，不要丧失自我，不要失去最初的自己，那很重要。人生短短的几十年，不为自己而活，你还为什么呢？你还在意什么呢？

02

不知道大家是否在微博看到这样的消息，北京4A大型广告公司奥美一名普通的职工，因为连续加班一个月猝死，年仅24岁。

我从朋友的口中得知了这样的消息，半天没有反应过来，愣了许久。那个时候是下午，我正在为即将到来的广告选题会焦头烂额，但是在那个时候，我出神了好久。

我也是广告人，我和他是同龄人，我也在这座城市里忙忙碌碌奋力拼搏。我和他没有任何的不同，但是命运竟然捉弄人，让他在为梦想前进的时候，付出了自己年轻的生命。

其实，我很害怕，有点无措，我看着自己的办公桌上的一片狼藉，第一次，真正怀疑起自己的行业，是否真的具有意义？自己究竟为什么而活？同样身为广告人，如果我走上了他的道路，又该如何自处？

说实话，我久久不能释怀。

我们都太忙碌了，太赶了，为了梦想，为了金钱，为了未来，一遍遍透支着自己的身体，自己的精力，自己的一切。过早地承担起了一切的社会责任，过早地看透了自我和他人。我很早熟，以前我觉得这是好事，这让我快速融入到了社会里，丝毫没有不适应，但现在，我第一次怀疑起了自己的人生观，我的选择，是否真的正确？我的道路，是否如我所愿？

这一切，都需要时间的验证，而我现在唯一知晓的，是我需要放慢脚步，做不完的工作，就缓一缓吧，我要去享受生活，这才是年轻人的资本和力量。

03

其实，在公共微信这里，不管是新朋友还是老朋友，不管是学生还是已经工作的大人，不管是男是女，我总会收到这样的留言，我很困惑，我很迷茫，我丧失了自我，我失去了目标，我该怎么办？

怎么办？你觉得呢？嗨，抬起头，别光顾着自怜自艾，别光顾着自我陶醉，抬起眼，看看周遭。

你看看这座城市里和你一样低着头行色匆匆的人，你看着地铁里那些拥挤的人潮，你看着拥堵的汽车里那些焦急的脸庞，你看着你的四周，你觉得，你和他们一样吗？你和他们有什么不同？

这就回到了我在开篇说到的话——

没有！其实没有！你和他们一样，都是这个世界里最最微小茫然的存在，无论你是光芒耀眼，还是不值得一提。你都要知道，人生中的幸福和痛苦都是一样的，都有类似，但又各不相同。

你所经历的那些曲折，别人也有，甚至更为严重，你认为的自己的遭遇，别人也有，甚至更加可怕。你认为的天崩地裂，或许在别人的眼里根本算不了什么。

所以，你要学会爱自己，学会自我调节，学会让自己心平气和。不要再感叹自己哪里不行，不要再无视别人的存在，不要把这个世界上的不行都归于自己的结局，不要沉沦在其中无法自拔。

你看，这个世界上那么多的人和情感，总有快乐和阳光，总会再次遇到幸福，只要你去相信，去坚持，去努力，那么那些美好和幸福肯定会再次与你邂逅，让你感受，被你珍藏，让你拥有。

如果你真的感觉到迷茫，感觉到失落，那么不妨就让自己停一停，让自己休息片刻，不要着急赶路，不要迷失在人生的岔路口。那些曾经我们拥有的，不要忘记，那些难以得到的，要更加珍惜，那些属于自己的，不要放弃，那些已经逝去的，就当作难能可贵的回忆。

我很喜欢的四句诗：劝君莫惜金缕衣，劝君惜取少年时。花开堪折直须折，莫待无花空折枝。于我而言，说的就是这样的道理。

你需要做的，是深呼吸，然后回望你的道路，看看这一路上的得与失，看看自己走过的脚印，默数内心的梦想，执着自己的最初，找到你的起点，想想你为什么走到今日，思量自己的道路是否有了偏差。

很多时候，我们忙于赶路，忽略了思考，我们不是机器人，也没有固定的模式，你可以随时调整自己的脚步和速度，你可以让自己活得很累，但你也可以让自己放松下来。一切，都在于你的意识。

你心脏的空间有多大，其实就决定了你能够生存的空间有多大，心大了，所有的大事就都小了；心小了，所有的小事反而就会变大。只有你看淡了很多，只有你看明白了自己的道路，只有你把所有的悲欢离合都放下，只有你拿起了生命中值得拥有的人和事，你才会明白，其实看淡不等于放下，而是不再执念，不再对那些事情患得患失，你有的，一直都会有，你没有的，就算再去执着，最后都是一场空。

世事沧桑变化，不忘初心，看淡前路波澜起伏，内心安然无恙。

04

生命中，总有些人和事，在你不经意的时刻翩然而至，为你静静守候，在任何的时候都不离不弃，与其同时，也一定会有一些人，浓烈得好似一杯烈酒，炽热得好似一团火焰，那些疯狂像是宿醉，那些滚烫像是燃点，而也有一些过往，淡得如同一汪清水，醒来无处寻觅，来去如同轻风，像是醒来的一场梦境，没有痕迹，不会留下任何的踪影。

缘分就是这样的事情，不管你是对人还是对事，都是一种缘分，都如此这般。无数的相遇，无数的别离，不管你是庆幸还是伤感，不管你是放手还是挽留，它们各自都有轨迹，你或许内心有不舍，你或许有期待，你或许感到些许的无奈，但都要记得，顺其自然。

这个世界上的任何人和事，你可以去费尽心力，你可以飞蛾扑火，你可以冲锋陷阵，但要记得，你可以争取，但不能强求。

倒不如时时关照自己的内心，倒不如时时清理自己的空间，让自己的内心始终盛放着那些值得珍惜的人和事，让自己以一种淡然的姿态生活在这样繁乱匆忙的世界里，学会一点笨拙，学会一点憨气，学会一点单纯，看花开花落，云卷云舒，缘来缘去。

一切自有章法，一切自有定论，一切自有来去，一切的一切，都是虚妄，都如捕风。

所以，无论你在做什么事情，无论你遇到了怎样的人，无论你要面临怎样的境遇，都不要太为难自己。有些人，不值得你如此的掏心掏肺，有些事，无须一直都铭刻在心里。

该放下的要放下，该忘记的要忘记，任何刚愎自用的执着，都是无用，都是徒劳无功，不要等到无能为力，才选择顺其自然，不要等待一切都已失去，才明白曾经的珍惜。

人生很漫长，漫长到这条道路看似没有尽头，人生也很短暂，短暂到或许明日就是这条路的终点。不要因为心无所持，才被迫随遇而安，而是需要领悟，那些人和事，是你必须要经过的人生驿站。

那些我们所谓的好坏、成败、聚散、爱恨，其实在某些时刻，都不重要，那些我们所谓的金钱、成就、名利、所得，其实在一切瞬间，都可以成为乌有。你执着的，只是你的欲望，而当你真正放下时，其实是放过了自己，还原了你的本真。

任何我们的际遇，都是帮助我们领悟人生，都是让我们在这条道路上更好地行走，它们让我们尝遍了这个世间的人生百味，阅尽冷暖百态，看淡世事无常。

其实，所有那些不管好与坏的经历，都是一剂苦涩的汤药，它催化我们不断地成长，它调剂我们的青春，它治疗我们的伤疤，它弥补我们的过失。

如果你还在迷茫中不知所以，如果你仍为那些曾经不断伤感，如果你丧失了自我失去了目标，就不妨闭上眼睛，打开你的心门，看看自己的世界，回到起点，想想最初的自己。

就把这一切，都当作成长吧。

05

总会有一天，你会察觉，当你以一种更加宽容和博大的胸怀去接纳这个世界的善恶，那么世界也会以一种前所未有的姿态去包容你的一切，包括你的得失、你的遗憾、你的错过、你的一切。

而到了那个时候，你就会微笑地说，其实，这才是真正地长大，我终于成了不一样的，更好的自己。

不要着急，不要害怕，来，跟着我，继续走吧。

或许在很多年之后，等你重新站在幸福里，再次回首往事，发现不过只是虚惊一场。

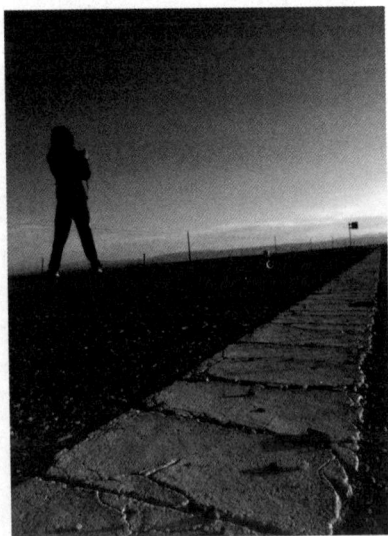

别想太多，没什么用

九月初我重新开了新浪微博，开放了评论和私信，一时间收到许多朋友的留言，每天半夜我都在回复许多陌生人的问题，其中绝大部分是在讲述自己的困扰，诉说自己在学习、工作和感情中遇到的问题。

有时我会不太客气地说，收起你的自哀，没什么用。有人也会回复，为什么我看了那么多励志美文，还是没办法过好自己的生活。我说，鸡汤不管饱，还不如出去吃一顿好的。

首先我必须要讲，过于陷入自我的情绪中无法自拔，无论好坏，其实都有一个同义词可以概括：浪费时间。

很多人都有这样的感受，比如深夜工作结束，没有赶上末班车，独自一人走在空荡荡的马路上，没有空车，手机也没电，看着两旁高耸大楼闪烁的霓虹灯，或者望着陌生住宅楼的万家灯火，一时间就会有诸多平日里不会表露出的情绪，甚至会眼眶发红，找不到存在感。

存在感这回事，是扎扎实实存在的，在某些特定环境的驱使下，人内心的虚空会急速膨胀，无论是多么成功富有的人，都会有自我的软肋，觉得世界容不下自己，觉得内心无力，而这种平日里最为防备的东西，就会一瞬间攻破防线。

我同样也是如此，作为写作者，出现自我情绪的膨胀是常事，夜晚的独处会让某些矫情的念头泛滥成灾，陷入自怜的情绪中无法自拔，感叹逝去的时光，感慨离开的人，惋惜曾经的逝去，然后打开电脑记录，写下一篇篇文章，再被同样感同身受的人看到，从某种程度来讲，这份自我情绪的传递，同样是自怜的扩大化。

前几日见一个朋友，她和我分享了同样的话题——出差在外地，工作棘手，恋情也不顺利，深夜坐在充满着异味的大巴车上，看着一座陌生城市的车水马龙，脸贴着玻璃，会觉得特别难过。有时也会有类似的环境下出现这种感受，比如阴天、生病等。总而言之，只要是无法顺应自己的时候，情绪就会雪上加霜提醒你：你是一个人，你无依无靠。

不知道你是否有这样的体会，当你每天都处于忙碌时，会感觉时间过得很快，精力充沛，尤其是在做喜欢的工作时，更是像装了永动机一样充满正能量。可当你开始闲下来，无聊地打开手机翻微博看朋友圈，或者一个人发呆时，那些情绪会马上渗透进脑子里，让你乱了心神。

有一个关于忙的段子：忙是治疗一切神经病的良药，一忙，也不伤感了，也不八卦了，也不互撕了，也不花痴了。平静的脸上无怒无喜，看过去只隐隐约约地写了一个"滚"字。

所以，很多人问我解决的办法，我都是简单地说，找事情做，让自己忙起来，会好很多。但实际上，时间是中药，吃久了才见效，忙是西药，立马见效，但副作用大。做很多事情并不是抑制无用情绪的蔓延，而是让你在做事的同时，学会控制。

一个对周边和自我有控制权的人，包括工作、情感、情绪，都会起到积极的作用。而一旦丧失了自我的控制，变得盲目和随波逐流，就会陷入情绪漩涡中。

朋友在和我谈到这点时说，自己也想过要控制，但总是力不从心，内心没有一刻平静，总是翻江倒海，胡思乱想，还有在更多时不知道要做什么，眼前明明有一堆工作要处理，可也懒得去做，没有头绪，任凭自己去发呆去放纵，之后也会懊悔，也想要改正，但无济于事，自我意志基本处于瘫痪的状态，还白白消耗了自身的能量。

我问朋友她是怎么解决的，她说去看文章，看了许多励志的文章，大多都是满满的鸡血，告诉你人生是美好的，生活是光明的，应该挺起胸膛好好做人做事，不要怕前路坎坷，怕的是自我萎靡，诸如此类。我问有用吗？她点点头，暂时有用。

我笑了，能坚持多久？她叹了口气，也就一两天，你说这是我的问题吗？还是那些道理不对？

我摇摇头，道理没错，你只是错在了依然停留在念想里。现在人们大多诟病的鸡汤文，之所以被说无用，就是将世界上的道理变成了唯一化和条框化，通过高大上的论述告诉你世界完美无恙，但大都点到为止，没能解决实际问题。

朋友说赞同，我看了之后只是觉得元气满满，可是几天就颓了，不知道怎么做，所以我就去找一些自我管理的书去看，可是也没用，总觉得不合自己的口味，指引不了自己。

我说，鸡汤和攻略一个是直接告诉你道理，一个是告诉你技巧，然后让你明白那些道理。一个是目的，一个是手段。道理永远不变，可人在成长，当我们经过了诸多之后成熟长大，某些道理早已明白，不用再反复灌输。其实是你长大了，怎么能责怪那些道理一无是处呢？

朋友问，所以我在浪费时间吗？我点点头，很大程度上来说，是的。

自我的控制不在于控制情绪的好坏，任何事情都有两面性，如果能够合理分配时间，减少一些无用功，就会感觉自我的效率倍增，然后再加上道理的灌输和积极向上的心态，当然会感觉身心愉悦，自信心也会提升。

朋友苦恼地说，我不知道怎么做啊，感觉太难了。我说不难，别想太多就行了。

我和朋友说了我曾经的经历，之前我有将近半年的时间都处于情绪的支配下，感觉世界抛弃了自己，感觉没有人理解，感觉梦想正在远去，然后开始自暴自弃，终日无所事事，看了诸多励志文章不管用，读了许多攻略又不切实际，同时又为自己的这种堕落懊恼不已。在那段时间里，我几乎变成了另外一个人，一个连我自己都不认识的人。

　　但值得庆幸的是，我及时认识到了这点，我了解了自我的狭隘和浅薄，之后便开始学习心理学。在学习的过程中，也不断往内探寻自己，开始察觉到自我接受和排斥的比例，并且顺应情绪做出调整，这时的我，就会变得愈加清醒，从而学会了控制自己。

　　我对朋友说，首先你要察觉到自己正在处于这样的情绪中，无论是悲观消极的自怜，还是满满元气但却无作为的鸡血，都是不好的。认识自我是最重要的一点，察觉自身的变化是控制的第一步，并且更加容易抛开这些情绪。

　　情绪的来去都有缘由，或许是一件事，比如失恋、失业等不顺利的现实，明白这个源头才能看懂它，才能知道自己的这份不正常的情绪是什么状态，并且了解它是否会影响自己的正常生活。

　　另外，自我鼓励是控制的基本，自信心的建立是在现实将你挫败后最应该做的事情，如果你没有条件去做心理疏导，那么自我的鼓励是非常有益处的，没有人会一生一帆风顺，人生本就磕磕绊绊，被现实打败并不要紧，怕的是从此一蹶不振。

　　老话说，一鼓作气，再而衰，三而竭。任何的鼓励都不能过于持久，因为它依然停留在表面和情绪，正如你看鸡汤，两篇已足矣。太多的道理灌输会麻木自己的神经，从而让你无意识地高看自我的能量，渐渐变得狂妄和自大，并且不会落实到行动上，结果空想成了每日主题。

我建议去做一点小事培养自我鼓励，做一些力所能及但曾经没有做的事情，比如运动，或者培养新的兴趣爱好，人会因为这些新鲜而简单的事情重新产生正能量，听音乐看书都是不错的选择，如果开始比较艰难，可以循序渐进。要知道，你所做的事情，不为完成你的工作，而是拯救现在颓废的自己。

虽说现在鸡血已经快要成为一个贬义词，但是打点也无妨，人终归是需要正面的情绪，快乐最重要，但快乐不是停留在纸面上的说教，而是你在日常生活中扎实感觉到的情绪，良好的生活习惯，规律的作息时间，有条不紊安排每日的学习和生活，都是加大对自我控制非常有效的办法。

但我不反对自怜和发泄情绪，自己在反反复复的情绪中排解，或回忆，或感伤，或埋怨，或悔恨。但要适度调整，及时脱离。这种情绪的蔓延不宜太久，一般一周左右，如果太久那么就会失去自我，被那些已经过去的事情控制，那时才是病入膏肓，想要摆脱就来不及了。

当内心烦躁不安时，我们的心就会完全被周遭所吸引，会因为一草一木的变化，会因为晴天阴天的变更，不断影响自我的情绪，其实这些不是外在原因，根源在于自己的心不静，世间一切万物各有其生长规律，我们也同样如此，关注内心，要比关注外在重要得多，一个平和的心态，就可以提高自我的专注力，并且学会控制自己。

人是需要一点力量的，我们不可能控制一切，但我们可以掌握自己，人的伟大和渺小就在于自身的意识范畴。当我们在无法控制之前，先要学会面对，在面对后要勇于突破，并且改变现在的处境，失控可接受的范围应该尽力被压缩到最低。

你的人生应该在你的手中，你是舵手，不然你想让谁来走完你的道路？

从今年5月开始，几个朋友会在每个周六早晨来到我家，大家坐在蒲垫上进行冥想和静态瑜伽，我会在其中加入心理催眠，播放舒缓的音乐，点燃檀香，并且用语言引导大家进入我所规划的场景，加入心理催眠暗示，让大家在深层次潜意识内进行放松，效果不错。

朋友依然有些疑惑，这些我都知道，我也想改变，方法我也学了，可就是动不起来，总觉得执行力已经大不如前。

我说，一个自我都无法控制的人，注定会成为最大的输家，如果你愿意输，那么你可以继续下去。但如果你想你的生活更好，你想遇到更好的爱人，那么你自己首先要变得更好，先让自己，配得上你对别人、对这个世界的期待。

所有道理中的光芒，畏惧中的肃穆，空虚中的焦躁，错失中的悔恨，不过都是幻象。唯一真实的，只有当下的自己，你的行动力。

别光想，去做，踏实去做，抓紧去做。你的自怜自艾，你的鸡血元气，最终如果都没有落实到行动上，那么也是一个精神残疾的人，如果自己都不懂得如何变好，也不会照顾好自己，那么此刻的身心疲惫又有什么意义？

做比想要重要得多，迈出第一步，你所见到的风景，要比你想象的更加美丽。

最后，特别想和微博上找我咨询的朋友说，咱不管什么时候都要明白，没有什么是应该的，没有什么是必然的，人活着舒坦就好。与其总是自欺欺人不如学会坦然接受，在你拥有更好的之前，要先有接受失去的能力。

别想太多，真的，没什么用。

生活不能如诗只能如是

01

每个月广告圈的人都会举行一次小规模聚会，无论是业界老大还是职场新人，都坐在饭桌上相聊甚欢，谁家的案子做得好，谁的项目赚了大钱，谁的客户是大傻，谁的活动太水，各种八卦总能够在酒杯间来回攒动之时，上演一场场好戏。

前一段时间再聚会，酒足饭饱之后，大家聊起最近看过的文章，我说最近还蛮喜欢一篇写朋友圈的故事，有几个人表示看过，感叹天下之大奇葩甚多，坐在我对面的姑娘弱弱地说了一句，我就认识这么一个人啊。

这句话一出，大家即将散伙的情绪马上消失殆尽，兴致勃勃地问，谁？在哪儿？做什么了？姑娘笑语盈盈故意卖关子，我们不耐烦地嚷嚷，快点啦，给我们讲讲。

姑娘的一个高中同学，暂且叫作Y姑娘吧，每天都在QQ发说说，类似微信的朋友圈，说自己在高端杂志社工作，某某日拿了十万稿费，某某日敲定了和邓紫祺的合作，某某日去了宴会见到了大名人诸如此类。

一个朋友挥挥手说，这也不稀奇啊，万一人家说的是真事呢。姑娘低眉一笑，掏出手机，我给大家念几条：恩师杨绛今日传于手镯，说这是钱钟书先生传于她，嘱咐她要一轮明月寄于心中，照亮夜空中等待黎明所摸索的黑暗道路。念完她把手机翻过来给我们看图片，手上戴着一只浅蓝色的镯子，背景图上的LV包若隐若现。

下面有一群人点赞，其中包括了这位姑娘，我咂巴了下嘴，有点儿扯。

姑娘一笑，还有更扯的呢，她继续念：我就是很烦最世文化，很烦郭敬明，我并不认为我解约最世是我不可一世，我就是不想把我的认知，我的文字，我的思想，商业化，我所追求的精神境界是郭敬明和最世不能给的。

话音刚落，大家纷纷爆笑，离她最近的磊哥一把夺过手机，快速在屏幕上划过，咧着嘴说，哎我看看还有什么好玩儿的……听好了啊，这条！机场在头等舱通道见到了都教授，我的心肝脾肺肾哎，好帅啊，还能合影留念，棒棒哒！

饭桌上的姑娘们纷纷伸出手要手机，给我看看他们的合影，都教授哎！结果拿过去一看就翻白眼，什么嘛，这不是都教授第一次来北京时的图，几个月前微博都传遍了啊！说完把手机丢给了我，我看了对面姑娘一眼，心里总觉得这样看别人隐私不太好，但姑娘眨巴着眼睛不吭声，我就大胆继续往下翻。

磊哥探过身从我这里拿走手机边嚷嚷，哎，我能给她回复一个吗？姑娘点点头，可别说太过火的话啊。于是磊哥一边念叨一边打字，我特别喜欢李宇春的歌，能不能帮我要个签名？

姑娘笃定地说，她肯定会说没问题，一周后给你。

02

大家等了一会儿，果然QQ里Y姑娘回复，没问题，一周后给你。然后发了几个微笑的表情。

　　大家有点错愕，这都可以？对面的姑娘挑挑眉，反正曾经有人拜托过的事情，她都这么回复，然后就没下文了。

　　我问，那就没有人问？姑娘说，有啊，可是……

　　磊哥打断了姑娘的话，那她到底是做什么的？姑娘说，不知道，自己说是北京大学的讲师，但我同学说她就是一个普通公司的文员，专科毕业，现在在许昌工作吧。

　　我问，那她那些说说下面的位置定位呢？今儿是上海明儿是中南海的，这总该是真的吗？

　　磊哥朝我翻个白眼，你这个网络白痴，现在这些定位都可以修改，下个程序就可以虚拟了。我吐吐舌头，这么高端？小看网民的智慧了。

　　磊哥说，现在有些姑娘啊，就是这么虚荣，每天都不知道从那儿盗图然后晒，今天是名牌包，明天是豪车，后天是高端自助餐，要我看啊，这些妹子都是心眼儿不好，太肤浅了。

　　话音刚落，刚刚还在大笑的几个姑娘立马板下脸来异口同声地质问，你说谁呢？

磊哥一脸投降的表情，没啊，我没说你们啊，不要对号入座啊。一个妹子说，我们那是真的，就是分享点生活，和这个Y有本质区别，你认清楚点好不好？

他看着对面依然怒气冲冲的姑娘，一咬牙一狠心，得，我嘴贱，自罚三杯赔罪啊。说完他给自己倒满酒，咚咚咚灌了下去。

气氛当时有点冷掉，几个姑娘咬着牙不说话。

03

我赶紧打岔，问还在看手机的姑娘，那这个Y是不是很虚荣的一个人？你们还有其他联系吗？

姑娘摇摇头，不是的。上学的时候，挺文雅的女生，娇娇弱弱的，然后班里有很多男生欺负她，她每天都躲在学校里自己偷偷哭，然后和几个闺蜜抱怨，说功课难，成绩不好，又长得不漂亮，特别自卑。

她喝口水，继续说，高中毕业后，我没有再见过她了，所有的高中同学都没联系过，就在QQ上相互点赞评论，加微信也从不通过。

我说，这就对了，关键不是虚荣，而是自卑。磊哥点头，对，我觉得也是，最深刻的自卑之后不是畏首畏尾，而是反弹成为自负，让许多不属于自己的东西绑缚在身上，然后彰显自己的优越感。这样的人我见多了，也不奇怪。

姑娘扶着额头不说话，一桌子人又再度陷入了沉默，我看看大家，想起了一个人，我拿起叉子敲敲杯子说，哎，我给你们讲另外一个故事。

我有一个微信好友，叫他S，忘记是从哪天加的，每天都在朋友圈里讲述自己一天的生活，不算炫富，但总是让人感觉不舒服。买个电视，夸自己能干，买个水果，夸自己精明，写个项目，夸自己励志，晒个工资，夸自己能赚。几个月看下来，无论他说谁的事情，最后的落脚点都在自己，换着办法隐约夸自己一番。

磊哥问我，男的女的？我说，男的。磊哥抬抬眉毛，奇葩。

对面的姑娘问我，然后呢？我说，我们有时和一些朋友出来吃饭，只要他在饭桌上，整顿饭都会滔滔不绝，说他自己多牛，接了多少大客户，下了多少订单，薪资又涨了多少，老板对他多满意等等。

姑娘笑了,夸自己之前还是要打压一下其他人?我点头,对啊,他会从网络到现实,从公司到同事,从饭桌上的每个人点评开始,说你不好,说他不行,然后再回到自己身上,你们看看我如何如何。

磊哥瞪圆了眼睛,这货真是得罪死人不偿命啊。姑娘疑惑地问我,那他和Y姑娘有什么相似的地方吗?我觉得不是一码事啊。

我说,这个人从小也是很自卑,自己已经很努力却总是得不到想要的结果,觉得自己不如人,将近三十的年纪一事无成,看着身边的朋友一个个买房买车小有成就,自己依然租着房子挤着地铁,心里不平衡,可能就会产生像他现在这样的反弹。

磊哥一拍桌子,反弹个屁,谁不自卑,这就是心理扭曲。我说,没那么严重,按照他的意思,这叫将自己的职场优势无限扩大化。大家又是一阵哄笑。

04

后来我想,其实我们闲聊地都不深入,自卑不是最终的借口。我们每个人身边都会有一些土豪和屌丝,大家对这两者的定义十分明显,但却忽略了在深一层的内涵追究。满腹牢骚,眼高手低,对自己认知不够，却又极度自负，将某些东西添加在自己身上标榜自己的存在感。在我看来，这才是真正的屌丝。

而有一种人却是真豪，温文尔雅，不急不躁，看得清现实，摸得清底线，做事沉稳待人谦和，有理想有追求，但又不好高骛远，脚踏实地做好工作，努力上进，哪怕这样的人暂时还没有成功，却得到了很多人的尊重。

大家都说假的真不了，真的假不了。当一个看似飞扬跋扈的人站在你面前，日子久了，你就会发现他看似嚣张的背后其实是不堪一击，而当你和一个温和有礼的人相处时间越久，你就越发现他身上难能可贵的品质和优点，并且不由自主向他靠近，期待可以成为那样的人。

正如Y姑娘和S先生，虽然展示给大家的方向不同，一位是拿着虚假的身份和生活环境获得网络上的赞美，以此来弥补自己现实生活中的遗憾；一位是故意把自己装得百毒不侵，实则内心脆弱一目了然。他们都把自己生活的重点放在了理想的状态当中，而不学会在现实里寻找自我的成长和突破，将梦变作现实来经营，实在是遗憾。

但是，我遗憾的并非是他们的错，而是从这些失误上看到他们身上的潜力，一个没有头脑和不会思考的人，不可能寻找那些图和编造文字来伪装自己；一个没有才能没有上进心的人，也不会在微信里分享自己谈论人生。我真正遗憾的，是他们没有将自己的才华和时间放在对的地方，白白浪费了自己身上本应该被别人尊重和赞美的闪光点。

做人呐，虽说开心最重要，但要么就老老实实，要么就彻底精明，要么对身边的朋友们掏心掏肺，要么就将编造好的谎言贯彻到底，怕的就是折腾个半调子，信口雌黄，跟几个人说的话都不一样，结果大家讨论起你来发现很多事情对不上，那就不要怪别人脑洞大开了。

生活不能如诗，因为诗一般的生活太过虚假，那会让你沉迷在虚幻的世界里无法自拔，欺骗别人最终的结果是将自己也唬了进去，以为自己就是那样的人，而在现实里会更加郁郁寡欢，更加依赖那份虚幻，恶性循环。

生活只能如是，你想要做怎样的人，就去脚踏实地地去做，一次朋友圈的虚拟点赞，比不过你在真正面对他们时的自信和善意。这个时代很多事情都是虚幻且易碎，我们更要分清哪些才是值得去把握和历练的。做一个积极美好的人，总归会有好的结果。

人应当自重自强，但也要抛下那些逞强的自尊，抛下那些自己构架的平等，踏实做好眼前的工作，过真实的生活。不要看轻自己，但也别太把自己当回事。你所希望的那些明天，你所期待的那些赞美，靠的是如是的努力和前进，而不是如诗的虚假和伪善。

05

那天饭局的两周后，磊哥见到当时拿手机的姑娘，问她：之后你给Y回复了吗？她怎么说。姑娘耸耸肩，老情况。

什么老情况？

谁要是问她，或者揭穿她，统统拉黑。

生活不只眼前的苟且

01

你可知道，当你突然明白生活不仅仅是眼前模样的时候，那时已经晚了。

所有曾经隐忍的时光，都意味着我们会有更多的潜能可以发挥，那些在你前面形成的漩涡，都是搅拌时光的迷药，你吞下它，然后目眩神迷，跌跌撞撞往前走，迷失方向。

我记得有一句话——不要做只顾眼前的人，不要做一个正常的人，在别人眼里的正常，或许也有另外一个同义词——平庸。

02

前一段时间我在出差去台北的飞机上偶尔醒来，听到旁边的同事低低地抽泣，我拉下毯子扭过身子问她，怎么了。

她抹了一把眼泪告诉我，家人给的压力很大，总让她回去生活，自己在北京近十年，却一直没有归属感，仿佛这座城市的一切都和自己没关系。虽然做着看似光鲜的工作，但背后的艰辛又有几个人懂。自己想想，还是放弃吧，但是……

我插话说，不甘心。她点点头，对，不甘心。然后她不好意思地冲我笑笑。我没有多说什么，继续闭上眼睛佯装睡觉，但心想，不甘心，说明你心里还有梦啊傻姑娘。

梦想是一个很折磨人的东西，曾经有话说，梦想很丰满，现实很骨感。但经过这些年我才知道，这话其实错了，现实其实很丰满，但理想却很骨感。

有人说不相信奋斗的意义，也说梦想一文不值。有人因为无法得到心中所想早早放弃，有人不知道坚持下去究竟为何，也有人，在面对生活的百般压力面前，交枪缴械宣布投降。

生活把我们翻来覆去地虐待，而我们仅为了一些大众标准生活，这样的日子就会活得顺畅如意吗？我不相信。

03

身为作者，我认识了一些编辑圈的老师，有些是刚刚入行的新人，有些是公司部门的总监，有些做出了畅销书成为传说，有些自立门户闯荡江湖。

其中有一位编辑老师，我曾经问她，这么拼死拼活到底为什么了什么啊。那时我处于写作的瓶颈期，对于目前市面上的畅销书看得不够，也不愿意去了解，处于自己的世界里自怜自艾，觉得没有办法写出更好的文字。在和老师开会讨论时，我问出了这样的问题。

她先是一愣，然后拿起笔在我脑门上点了一下，为什么？为自己呗，难道就这么放弃了？你甘心？

我沉默不语，心里的答案不言而喻，于是我皱皱眉说，来，重新开始吧。

后来我认真思索了这份不甘心，然后明白一个道理，我们之所以生活在看似与自己无关的城市，我们之所以还做着一些旁人看来无用的事情，都是因为我们内心所想，想到的愿意去做，做不到想要放弃的时候，就会涌出一份心酸的不甘心。

或许，我就是因为这份不甘心，一直坚持了这些年吧。

04

这个世界上，有很多事情我们无法完成，你想要尽快腰缠万贯，你想要早日得名得利，你想成为人中翘楚，但是谈何容易？

一天晚上，我和这位熟识的老师坐在车里，各自点燃一支烟，她第一次对我讲起了她的故事，十年之前独自来到北京，那时是二十出头的年纪，为了爱情扛着行李来到这座陌生的城市，一切的生活与往日不同，住在半地下室里，每天做一点散工养活自己。

不久爱情离她而去，她开始真正想要怎么度过以后的日子，后来因为巧合进入了图书行业，那时身上已经没有积蓄，借钱买了一辆二手自行车，每天上下班要骑车两个小时。

在黑暗中我问她，这样的日子苦不苦？她笑笑继续说，那时每天担心的只有两件事，一是明天会不会下雨，二是中午吃什么。

她告诉我，如果明天下雨或者天气不好，就要坐公交车去上班，坐车要花钱。中午吃一份盖饭，舍不得吃完，留下一半留着晚上吃。8块钱就是一天的饭钱，后来附近开了一家新的饭馆，里面的黑椒牛柳盖饭特别好吃，但是要12块。

我默不作声，她深深吸一口烟继续说，新的饭店给的量也足，但是不能总吃，太花钱。而且总打包感觉也有点丢人，思来想去还是8块钱的更适合自己。

我冷不丁问她，不饿吗？她说，饿啊，那时瘦到只有80斤，不敢生病，不敢买东西，总怕花钱。我又问，这么辛苦怎么不回家？

她乐了，拍着我的肩膀说，现在不也挺值得？当你有很多路可以走的时候，去走当下的路，去做当下的事，往往最艰辛的那条道路，能最早看到光亮。

05

每个人都有自己的天赋，也有努力的极限值，这些先天因素都决定了你是否能做好一些事情，但是不要忘记，所谓不相信努力的意义，所谓不想走艰难的路，其实都证明了一件事，你的心，根本没有做好接受未来的准备。

我曾经听过一句话，生活给予我们千百种生活方式，既然我们认定了其中一种，那么就走下去，如何走是你的事情，走到何时也是你的事情，既然都是你在做主，干吗要对不起自己，干吗要临阵逃脱？你逃离的不是你的生活，而是真正的自己。

我始终都相信，所有的艰辛必然有它的道理，因为那是梦想的原始本质。

有人曾经在微博上问我，如果自己坚持的梦想一直没有实现，会不会觉得遗憾？我说，不会，但前提是我真的尽力了。

尽力这回事说起来简单，但做起来却困难，正如老师的故事，简单几行字就可以一笔带过，但细细想来，那些炎热的夏日，那些寒冷的冬天，那些无法面对的时光，她是怎样独自一人走过来的，这其中的酸楚，又怎能是几行字可以描述清楚？

我觉得努力是梦想的前提，也是尽力的回报，实现梦想是它们综合在一起的回报。你或许会因为在其中时难以坚持黯然神伤，但回头再看，一定会为曾经的努力而深深自豪。

如果说你的选择是做自己喜欢的事情，那为什么要放弃呢？如果在面对外来压力时说是迫不得已，是否可以理解为是你的坚持不够呢？任何事情都可以有借口，但是在我看来，唯有努力和坚持，是没有借口可以推脱的。

因为在我的心里，坚持是我衡量是否对得起自己的唯一杠杆，而是否能够坚持，取决于我是否真的想对得起自己。

06

我相信，不管是什么人，如果能够懂得自己，无论选择怎样的道路都不会后悔，正如老师所言，怕的是选择之后一再后悔，将青春时光白白浪费在了抉择和纠结里。倒不如一条道走到黑。

我曾经打趣地问，走到底发现是死胡同怎么办？她说，那就一头撞过去，能够走到死胡同一定是走了很远的路，那时自己的身上早已有了坚硬的盔甲，刀枪不入。怕就怕还没走就是个软柿子，那就必定要受欺负。

和我一起出差的那个姑娘后来告诉我，之所以在飞机上情绪崩溃，是因为不愿意过混吃等死的生活，但又不知道该如何坚持。现在我应该告诉她，当你不知道如何选择的时候，去走那条最艰辛的路。

谁都想要过好的生活，想买好的东西，想随时旅行，想一切都拥有，没有人喜欢艰辛，也没有人愿意一直劳累。但是，在你想要过好之前，首先要走过艰辛，不是每个人都可以累了就去购物去旅行，也不是每个人都会在困顿时马上醒悟。但是，你可知道，当你突然明白生活不仅仅是眼前模样的时候，那时已经晚了。

我们注定是有许多无奈的，梦是真，想是真，压力是真，困惑是真。所有的一切附着在身上的时候，自然会感觉到压力，那时我们都会想，不如就放弃吧，不如就换条路吧，因为眼前的一切所得必须抓住，往后的梦想不一定会实现。所以，就这么着吧，得过且过。

很多人都会这么想，于是很多人，都变成了得过且过的人。

不要担心自己的生活即将结束，而是应该担心你为自己的生活其实从未开始。

07

　　你是什么样的人，就会产生什么样的思维，拥有什么样的梦想。你相信它，自然它也会相信你，但如果你开始犹豫时，那么你内心所想就会离你越来越远。我们不是应该突然明白生活不是眼前的光景，而是从一开始就笃定，如果要遇到光明，一定要首先经历黑暗。

　　当你追逐你的道路时，这个世界注定会制造很多麻烦来困扰你，现实和压力也会束缚你前进的步伐，但这些都不重要，重要的是你有没有信心和毅力，重要的是你有没有一颗跳动的坚持的心。我始终相信艰辛会让人成长，而努力一定会带来更好的未来，因为未来的自己，一定会感谢现在走过艰辛道路的自己。

　　生命终归是漫长的，我们所能依靠的只有自己。所以，管那么多做什么？该做的做，该走的走，流泪了就擦干，迷茫了就调整。你面向阳光，才能继续前行，而背后那些艰难的阴影，也会因为光的渐亮，让它无处可逃。

　　生活不只眼前的苟且，还有诗歌和远方的田野。你赤手空拳来到人世间，为了心中的那片海不顾一切。

生命中最难的，是你不懂自己

01

前几日和许久未见的表弟吃饭，他依然是那副不太精神的样子，看着盘子里那一大块肉发呆，我问他有心事吗？他愣了一会儿说，我不知道自己该怎么办。

表弟比我小六岁，高中因为成绩不好学了艺术体操成为体育生，高考成绩一塌糊涂没办法上体育院校，只能在西安一家大专学习动画设计，毕业回到家乡做过几份工作，但大多无疾而终，后来有了一个做志愿者的机会，就南下湖南成为机关里的临时行政人员。

我问他，你知道自己最擅长什么吗？有什么梦想和目标吗？

表弟把酒一口气喝光，放下酒杯看着我，哥，我不知道我想要的是什么，我也不知道该怎么做。我觉得我就是什么都不会，那就做个什么都不会的人吧。

听着他有些自暴自弃的话，我又生气又无奈，我问表弟，那这样子你甘心吗？他用力摇摇头。

02

几年前曾经一位朋友对我说他宁愿终日浑浑噩噩地过日子，也不愿意去接受看似没有结果的挑战。他觉得自己没有才华能力不高，只是一个普通人，想做的事情不敢做，因为看不到尽头，如果没有结果，那么就宁愿不要开始。只是这样的情绪无法排解，使得他一直郁郁寡欢。

那时我几乎找不到可以反驳的理由，但是当我也走过了同样迷茫困顿的日子后，我才知道这样的话只是借口。他们只是不明白，自己究竟想成为一个怎样的人。

如果你想做一个普通人，那么就去做普通的人，如果你想成为更好的自己，那么就勇敢踏出第一步。拿着自己普通的条件去想着更好的未来，然后无法从普通的概念中挣脱出来，再一味强调自己的平凡，本身就是自我矛盾的论题，想做更好，就去做，别去想。如果只是永远停留在不甘心的情绪当中，那不如就放下那些高远志向，成全自己的现在。

努力奋斗的意义，绝不仅仅只是限于赚钱，或者是博得社会的认同感，还包括了自我价值的体现，而最直接的，就是抚平了你的这份不甘心。总有一天我们会明白，与自己相处是一件很不容易的事情，梦想和现实永远都是站在相互对峙却相互平衡的立场，最需要做出努力和改变的，唯有自己。

我和很多年轻人一样，漂泊在他乡，之所以能够接受这样的日子，说是为梦想，那只是最高的精神支柱，其实是心比天高，不甘心就在狭窄的空间里度过一生，那些和我一样的年轻人，不过是为了给自己的内心一个答案，给往日的那份困顿情绪一个解脱。

不管我们现在处于哪个阶段，你都可以把自己变成一张白纸，既然是空白，就不要怕任何的尝试和失败，我们有的是机会开始，只是不要摊开这张纸却无从下手，只是不要还没有开始，就急着结束。

03

努力会带来什么结果我们不得而知，有时就是一次次的失败，有时就会渐渐地走向成功。失败的原因可能是努力的方向不对，但更有可能的是，你不知道自己努力的方向和那个目标是否正确。每个人都在路上，每个人看似终日朝九晚五，但只要你在路上不停下脚步，那么所谓的成功，就会在不远处等着你。

至于功利和回报，那不是应该考虑的重点，它们远远不及这过程当中所带来的充实和享受，虽然在看到成绩时我们会兴奋和激动，但我们应该懂得，这份结果是我们无数次的努力和奋斗换来的，如果我们的努力是去成为一个更好的自己，哪怕退一万步讲就是为了功利，那又为什么不去开始呢？如果我们为了那个目标，踏出了第一步，那不就是我们基于过去的选择和勇敢得到的一份结果吗？

生活的可怕之处在于，一个人如果安于现状，倒也罢了，怕的就是苦于内心的不甘心，但却不愿意改变，到最后现在的日子也过不好，未来也岌岌可危。不知如何去做，或者做到中途就因为种种借口回到了起点，那么生活就变成一种尴尬的处境，让你在不上不下之间烦恼，陷入自我的怀疑和否定，但这其实归根结底不是你的能力问题，而是心态问题。

我告诉表弟，我们的道路不是一个简单的努力和想法就能够实现的，也不是靠着几个大众规则就适合自己，你首先要了解自己，安排好自己，才能够按部就班地生活。一个人的行动力代表着他的能力，如果能力有限，那么暂时就不要指定太过复杂的目标，如果真的下定决心，就去逼自己一把。自己的目标因为拖延变得越来越多，越来越难以完成，从最初的不以为然，就会变得怀疑自己，从而成为恶性循环，到最后依然是一事无成。

而到了那时，你就会发现，被架在空洞想法和残酷现实中间的自己，早已经没有了当年的心力。

04

表弟说我害怕失败，到最后连现在的日子都没有了。

我们都是这样子，眼前的一切不忍放弃，未来的种种却总想不劳而获，这样的情绪就会让我们忽略了现在的行动，而只是观望未来种种美好的假象。任何人的成功都不是空穴来风，任何人的道路都不是一帆风顺，哪怕你现在看到所有的成功人士，在他们荣耀的背后，哪一个不曾经历过那些义无反顾地勇敢和坚持？

最好的生活状态，无非就是心怀着梦想，勇敢过自己的生活，哪怕最后过了拼搏奋斗的年龄，回归到了平淡的日常生活，也无所谓。

没有实现梦想不可惜，没有达到自己的终极目标不遗憾，但你应该努力让自己问心无愧，因为只有这样，你才会在未来的日子里获得比社会认同感更加重要的东西，那就是你内心的踏实和无怨无悔，那是之后你在漫长人生道路上的财富，是你面对以后所有困难和阻隔的勇气和力量。

因为你知道，你曾经为了梦想而努力和做出行动，你就不怕再一次迎接生活的艰难，你就不会因为那些突如其来的困苦而措手不及，你明白，曾经的风风雨雨不会白白到来和离散，它一定会在你的人生里留下痕迹，成为你的盔甲，和你一起冲锋陷阵，勇往直前。

谁都不知道明天会发生什么，谁也不知道未来有什么在等着我们，如果只是想着可能出现的最坏打算而不准备开始，那么人生中可以成功的概率也会和你擦身而过，当你看着旁人一点点发出的光芒时，就会后悔曾经的停滞甚至是退缩。

一个人，不怕将来后悔做过什么，而是怕后悔没做什么。

05

挑战不可怕，困难不可怕，失败不可怕，任何这条道路上的一切都不可怕，可怕的是你因为这些所谓的可怕而迷失了自我。这条路百转千回，无非就是和自己的内心、和曾经的自己来一场战争，最终打败你的是你自己，你的对手不是别人，永远只有你自己。

也许你要的未来还远在天边，也许你一直跌倒困难重重，也许你已经努力但毫无进展，也许你所看到的现实和你期望的那个未来相差甚远，但是只要你懂得自己，并且勇敢做出选择和决定，就算别人无法理解，不能认同，就算那个未来依然无法抵达，你都可以始终活得充实而踏实，因为你知道，你一直都在路上。

这个世界上与自我有关的事情，一是找到一条适合自己的道路，不用瞻前顾后，不必好高骛远，只是心里清楚自己想要的是什么。二是勇敢去做，如果想成为怎样的人，你就要去亲自经历，只有走出了脚下的每一步，才能看到下一刻你所想要的风景。三是记得要坚持，好走的路上风景少，人少的路途困苦多，属于我们的终究有限，只有认定了它，勇敢去走去坚持，才能够度过前面漫漫的黑夜，收获微光的黎明。

我对表弟说：不知道想要什么就回到你的起点，想想曾经的道路，与内心中最本真的自己对谈，找到曾经的出发点。不知道怎么做，就慢慢梳理你的想法，按照一切可行的方式去一点点计划和安排。而当你有了自己的计划，就去坚持和努力，这个世界没有免费的午餐，更没有不劳而获的未来，只有你明白了自己，才能去明白这个世界。

相信自己，相信梦想，相信温暖，相信爱，相信所有的努力都会有回报，相信你的一切。

尼采说得好：对待生命你不妨大胆冒险一点，因为好歹你要失去它。如果这世界上真有奇迹，那只是努力的另一个名字。

生命中最难的阶段不是没有人懂你，而是你不懂你自己。

永远相信努力的意义

/ 三公子

努力是每个人对"生来仅仅一次的生命"最起码的尊重。

我依旧相信努力的意义，奋斗的价值！

这段日子里我常常听到一些抱怨的声音，有人说自己运气不好，找不到好工作；有人说情路不顺，总是遇到人渣；有人说父母没本事，买不起房；有人抱怨遇人不淑，总是被同事欺负；有人说自己命不好，遇不到富贵爹妈，成不了富贵二代，于是遭遇上述的种种事情。

面对这样的问题，我常常不知道该说些什么，我见过太多靠自己努力改变生活的人，也见过挥霍原本优越的条件而最终变成人生废物的人。人的出生的确无法选择，但未来的命运可以选择！

01

这些天老妈得空来看我，偶然间说起来我家这些年的变化，她感慨曾经一起招工进工厂的那些朋友，大家的起跑线都一样，工厂招工，为了全职工的名额打破脑袋，甚至要把婚姻都算计在其中。

国企大锅饭的年代，那些溜须拍马的，那些善于两面三刀的人往往混得要比老实不开窍只知道死命干活做技术的人要好得多。我记忆里，做供销口子的那些叔叔阿姨家总是有很多好吃的，总有先进的家电、好看的衣服。一起进工厂的那些年轻人，在成家立业，儿女七八岁的时候，各自的生活会开始分化，做行政和做供销的最有钱，而做技术的往往最穷，我家就是后者。

但这并不是人生的终点。

1998年的时候，命运将大部分人又拉回了同一起跑线——国企破产。偌大的工厂，几千来号的职工，就这么在一夜间面临下岗的命运，谁也不比谁好过那么一点。那一辈人在人生的中年阶段第一次见识到市场经济的杀伤力。摆在他们眼前只有两条选择：要不哀叹命运悲惨，从此拿着一次性结算的工资怨天尤人地过一生，要不认定人生还有转机，命运可以改变。

1998年开始的下岗潮给了努力奋斗的人第二次选择命运的机会。所有人又一次站在同一起跑线上，走出了完全不同的人生道路。

听妈妈说，当时的单位破产阵痛长达两年，等清算小组从单位撤离时，一个偌大的国企变得满目疮痍。这个时候先知先觉有后路的人早已找到了下家，没有政治背景的人拿着清算工资另作打算，而最惨的莫过于留守的那些人。

破产常常会伴随着腐败查处，很多曾经熟悉的叔叔们集体成了阶下囚，在我印象中，厂长和党委书记都进去了，还有一些销售、财务部门的叔叔也没有落下。而这个时候，我老爸临危受命，去接手早已没有人的党委，成了日后被我拿来开涮的"光杆司令"。别人听上去是"党委书记"，而实际上就是"倒霉的看门人"。

接近一年的时间，我家没有收入，只有早些年爸妈辛苦节省下来的那点钱，勉强度日。这期间，除了维持这个空架子工厂的一些日常事情，老爸通过朋友的帮助，开始在会计事务所兼职，补贴家用。因为老爸早年是"设备科科长"，精通设备，当会计事务所需要审计类似企业的时候，会请他去帮忙，给点报酬。老爸不会打算盘，只能用计算机，工作量大的时候，常常熬夜到凌晨3点。由于他工作认真负责，出错率很低，那位朋友甚至建议我爸干脆离开单位，长期去事务所帮忙。不知道是老爸拘谨还是觉得这时候离开有点不负责，总之没同意。

02

没多久，作为整个市的重工业企业光秃秃地钉在那里，政府也怕它就这么完了，开始想办法招商引资。几个月后，老爸开始忙起来，会议多了，接触的陌生人多了，甚至还有些人到我家谈事情。后来听妈妈说，那些人就是来考察的。

先来的第一波人，跟我爸谈了几天，临走想塞一个红包，里面有3000元，我爸没有收。后来又来了一拨人，又谈了几天，红包加码变成了5000元，我爸还是没收。再后来一个看上去更能主事的人来找我爸，谈了一天，红包直接变成2万，他还是没收。

其实，那时候家里的存款也已经耗了七七八八了，我妈找关系弄个提前退休，一个月工资才418.3元，我老爸除了会计事务所那点零散钱，每月"看门"钱也就400块，还是个空头支票。当时的3000也好，还是后来的2万，对爸妈来说都是一笔大钱，或许能改善好一会的生活。然而，爸妈做人做事有原则，总觉得该是自己的才拿，不该是自己的，拿了有辱身份。据妈妈事后描述，当时老爸跟那个主事的人说，如果你们真的愿意来投资合作，能帮忙的我一定忙，技术上有问题的我来解决，没有人希望这么大一个工厂就废了。

我不清楚是不是这三次的考察让那些人放了心，总之，两个月后由市里领导牵线，一个为期十年的租赁合同就这么签订了，而那个看上去主事的人就是日后的董事长。

合同签订后，他们需要一些原厂的技术员来指导生产线流程，同时也碍于上面的一些面子，安排了一些位置给原来（未进局子）的干部，但丝毫没有提钱的事情。对于我爸这边，因为前期的印象很好，觉得他是个有原则没那些小九九的人，也希望他能够一起合作，也没有提到酬劳的事情。那段日子，我妈常说，你这整天忙来忙去，怎么也不见个工资拿回来啊！

车间启动的前三个月，人人忙得昏天黑地，一毛钱没有，那些干部们坐不住了，曾经自己养尊处优惯了，现在非但工作累得要死，看这帮不知道哪里来的外地人的脸色，还一毛钱见不到，算什么事！于是他们开始闹情绪，开始罢工。这一罢工，我爸就惨了，重工业企业，上一道新的生产线会非常的辛苦，再来个罢工，那帮不了半个忙，还添乱，工作量平白添了好几倍。不光如此，他们还鼓动我老爸罢工，留个烂摊子给他们，好像现在还是之前的国企，公家的东西，败光拉倒，倒闭最好！

我爸没同意，他当个光杆的"党委书记"一整年，好不容易真的有希望可以改变这个现状，他舍不得离开，更何况，他不能容忍自己不负责任，一个生产线刚刚上，还没有开始生产，半吊子的时候甩手不干，他过不了自己这一关。

那帮人闹了半天发现没戏，纷纷要求离开，以为这种威胁还能跟以往那般奏效。殊不知，三十年河东三十年河西，这里早就不是他们可以肆意摆布的地方，那些投资人利用这个机会，拿了点钱，把这帮不做事只叫嚣的家伙都请了出去。

也许，我老爸这辈子就喜欢当冤大头吧。

虽然这些来投资的外地人够狠，工作作风用我妈的话来说就是"极度野蛮"，上个项目不睡觉都要干起来。然而在我爸眼里，这些人才是真正想做事业的人。听他后来说，刚开始的三个月，其他工人是不拿钱，他们是不断地往里面花钱，整个项目投资花了4000多万，他们比谁都害怕会做不起来。那时候，我老爸是每日工作12个小时，他们也是工作12个小时，谁也不比谁好过点。

没几个月后，一切步入正轨，他们开始正式跟我爸说，领导层是他们自己人，这里能给我爸的就是一个车间主任的中层职位，工资1800

元，他们询问我老爸是否愿意接受。也许是当时的确没有其他的选择，也许是当时他对这个工作了十多年的单位有感情，也许还有其他的考虑，老爸没有拒绝，我妈也表示支持，就这么，我爸脱下了原来身份，成了一名最普通的打工者。

从开工到年底，7个月的时间，我爸每月领1800元，那些早已离开的叔叔们常在背后嘲笑我爸傻，为了这点钱拼死拼活教人家技术，给人家进行项目改造。而他们靠着家里那点关系，又在哪里哪里做了一个小干部，不用干活每个月还能拿两三千工资。

03

生活就这么一点一点开始恢复，我爸的工资开始以每年10%的速度增长，年终奖金开始从5000涨到1万、3万。领导层的信任随着每年的工资而逐年增长，一晃3年过去了，我爸全年的收入变成了8万，这对于当时的爸妈而言，是个相当不错的薪酬，老爸与身边的一些朋友的差距开始渐渐显现。这个时候命运又给了我爸一次选择。

因为技术口碑的原因，开始有一些周边的企业想挖角，希望我爸和单位其他的一些技术干部能够跳槽过去，进行企业重组，当时承诺给老爸的年薪是15万，2003年，对于一个三四线小城市的普通打工者，15

万的年薪太具有吸引力，其他的那些技术骨干纷纷接过橄榄枝，酝酿跳槽，甚至打算带走一批自己的亲信。一时间，人心开始浮动。

我爸没有表态，而是直接找当时的董事长，开门见山地表示自己并不打算离开，其他人怎么选择他无法决定，但他不会走。没有要求加薪，也没有要求减轻工作量，他还是拿着他一年8万的薪酬，做着全年几乎无休的工作。那时候原厂已经在投资人手中扩大了三倍。

我妈说，老爸不离开一来在于为家庭稳定考虑，二来在于责任心和忠诚度，从工作的这三年来，虽然拿的薪酬不算高，工作很辛苦，但是管理层一直给予他极大的尊重，在生产这个部分，更是给予了全部的信任。还有一点也很重要，老爸心里有着自己的衡量，一个正在稳步上升的企业，远比尚未启动的小工厂更加有前途，孰轻孰重，他清楚得很。

有时候我想，我爸妈常常干一些很笨的事情，但是往往却是受益最多的人，这不是他们的运气好，而是他们的谨慎稳重、处事有原则和规划长远。很多事情在短期内看不到任何的起色，但只要基础牢靠，只要方向正确，时间会给予他们想要的。

15万年薪的许诺拉走了好几位技术优秀的中层干部，再一次，我老爸承担起额外多出的工作，幸好骨子里他热爱自己的工作，希望去倒腾各种改造，否则，真不知道这些年怎么坚持下来的。

因为这一件事，整个管理层对老爸有了更好的看法，他们开始不断地给老爸放权，开始让老爸进入管理层日常决策会议，工资开始脱离中层干部标准，向一些副总的工资靠拢。更有意思的是，他们开始建议我爸入股，哪怕只有一点点，他们也欢迎老爸加入。

一年之后，我爸的全年收入进入了12万大关，而那两年前跳槽离开追求高薪的那帮人，听妈妈说，大多数人两年连10万都没挣回来，因为小企业压根就开不起来。

04

2005年的时候，我爸妈开始小资金的入股，企业开始越做越大，本金渐渐越滚越大，等到我2009年毕业的时候，突然发现滚大的雪球可以让父母在这个城市生活得非常好。老爸从一个小小的中层干部，摇身变为董事，进入决策圈。

原本破产的一家国企被3000万的投入救活，这13年，他们以这家企业作为母体，不断进行扩建投资，成立四个分公司，同时涉足房地产和酒店等其他行业。13年后，他们不再是承租方，而是真正的企业主人，集团老总们。

我常常在想，倘若当初爸妈在破产后就彻底放弃努力呢，倘若在那些小诱惑前缴械投降呢，倘若他们真的克制不住小小的贪婪而拿了那个3000元，是不是就没有现在的生活。

妈妈常说，这十年，似乎只改变了我们一家的命运，那些曾经一起生活在家属区的叔叔阿姨们，13年的生活与现在的生活并没有太多的改变，依旧是抱怨当初的国企下岗，依旧是埋怨资本家的暴利和剥削，但仅仅只有我家，从那个怨气冲天的家属区跳离出来，拥有另一种生活。

我跟朋友说，我相信"努力会改变命运"的说法，即便我承认生活中有很多人努力了却得不到他想要的，甚至很多人无论多么努力，命运都会跟他开玩笑。但骨子里，我还是要跟自己说"努力一定会比放弃更有价值"。我身边存在的例子不断地告诉我"只要努力就可以改变命运，哪怕命运不如自己想象中的好，那也一定比以前好很多。"我爸妈如此，我家里的其他人也是如此。

05

说到这里，我还想说说我姨夫，一个自小就没有爹妈，被小镇上一对老夫妻拾回家当孙子养。我姨夫常跟我说，他小的时候就开始跟着老爷爷老奶奶出门要饭，拾破烂，家里不算是穷徒四壁，也是四面漏风。但这老夫妻打小就跟姨夫说，一定要好好读书，一定要离开这个小镇，你只有出去了才能改变命运。

多好的老夫妻，给不了物质，就给孩子志气。

姨夫离开小镇考到县里去读中学，然后又以县第一名的成绩考到市里读高中，他读的高中（也是后来我读的学校）是所全国重点中学，每年除了招录市区最好的学生外，只招录下面9个县市级中最好的前三名，你想以姨夫那环境，这得多难。但，这老爷子就做到了。高中三年后，他考入南京大学的气象系，啥都没从老家带走，除了跟邻居家借的一身衣服。我曾经一直以为那种读大学借衣服穿都是小说里的故事，但后来回到那个小镇上的时候，当年借衣服的那家人竟然还在，那家的孩子说起这个故事时还颇有点得意。

南大气象系毕业，服从分配去了北京某局，在北京某局做到局长之后，为了姨妈调户口的问题，选择离开北京市区，调入北京的某县（现在应该是区）政府。

姨夫的这一生很像我们现在口中的凤凰男（当然在婚姻上他没有凤

凰男那般极品），他没有任何资源，连亲生爹妈都没有，却靠自己的努力获得了远超过他自己想象的好的生活。

不光他如此，我姨妈也如此，当年在小镇里当个村姑（她常爱这么嘲笑自己），后来跟姨夫去了北京，被北京人欺负得够呛，从说话到见识到穿着到生活，似乎一无是处。后来进入国营单位，遭遇更惨，因为没文化，很多东西学不来，即便是最简单的算账都常常犯错。我姨妈脾气拗，最恨被人看不起，于是每天晚上让我姨夫给补课，从一个真的不识几个字的村姑，愣是变成了日后的主账会计，这就是努力的结果。

我没有细问过当年的日子是怎么熬过来的，但是光想想，都觉得不容易。

06

其实，不光光是家里人，还有我身边的朋友，我身边朋友的亲人们，他们都在用努力向生活证明，一切只要努力，都可以改变，至少在某种程度上如此。他们通过自己的努力去国外读书，去世界500强工作，他们通过自己的努力在另一个八竿子打不着的领域努力奋斗，他们通过自己的努力在一个城市里辛苦打拼，从一分钱开始节省，不靠任何亲人的帮助，自己买房子，组建家庭，而现在也买车子，开始以另一种姿态生活在这个城市里。

就好比我之前的同事，她和她老公来自农村，上面还有兄弟姐妹，在这个城市里，全部都靠自己，每年回家还要给父母带点什么。小夫妻俩租的房子是300元一个月，租屋条件差到不可思议，夫妻两人为了攒房子的首付，长时间把每日的开支压缩在20元以内，甚至有一次同事回老家几天，她老公除了在单位解决吃饭问题，其他开销竟然压缩在每日5元。两人工作两年除了单位发的工作服，愣是没有添置一件新衣服。就这样，靠着刚工作并不算多的工资，两人咬牙凑足了买房子的首付。即便房子地方偏远，配套设施还没有跟上，但至少他们靠自己的努力，拥有了自己的家。

我记得刚买房子的时候，她跟我说，以前再糟糕的生活也过过，现在总比以前好，只要跟老公努力，等孩子读小学了，他们一定会把房子从小换成大，从郊区换到城市中心。当时我身边有很多啃老一族，那些人说什么豪情壮语，我都不太信，但他们说的我信，因为我看到他们这两年来的努力，只能让我佩服！

一年后，她老公跳槽，工资开始翻倍，她离开了我这个坑爹的单位，工资也翻倍了，这几天她给我打电话说，有空让她老公开车接我去她家玩，哈哈，是啊，车子也买了。我想，用不了孩子读小学，他们就可以把房子从小换大，从郊区换到市中心了。

这就是努力的力量，比任何豪言壮语都让人感动！我很庆幸自己生活的圈子充满了努力的他们，无论是父辈亲人，还是朋友，他们都在用自己的行动证明"努力有回报"这个信念，我也要感谢我身边那些啃老的朋友们，他们也正在用放弃、抱怨、不求上进的方式努力成为"努力有回报"的反证，当然，他们没时间去思考"努力奋斗"的事情，因为他们忙着无休止地"抱怨人生"！

07

每每我遇到那些无休止抱怨人生，坚持认为"努力不会有回报"的朋友，我真的很想问问他们，"你们真的努力过吗？"

不要说，努力过没有回报，先问问自己你们真的努力过吗，你们真的下定决心，破釜沉舟，拼尽全力坚持一件事了吗？那些所谓的"我已经努力过了，但没有回报"的人，问问自己，是不是那些努力仅仅只是蜻蜓点水，仅仅只是停留在口头表达，仅仅只是在内心一闪而过，转个身全忘了？

你们说要努力考研，改变命运，但是上自修常常三天打鱼两天晒网，熬通宵从来没在你们身上发生过，等到了考试那一天，看到试卷，傻了眼，于是开始在各种论坛发帖子攻击英语出题太变态！

你们说要努力进外企去世界500强，但是常常不愿意在企业的基层学技术，而是每遇到一些小的挫折就开始抱怨公司不人道，工资太低价。事实上，即便想跳槽，也要把水平练到家，经验积累到一定的程度再走。不要水平还是菜鸟，自我评价却到了总监级别。

你们说要努力出国读书改变命运，但背到GRE单词就开始哭天喊地，骂爹骂娘骂单词变态，这些变态的单词改变了多少学子的命运，把多少有毅力的年轻人送到心仪的学校，怎么偏偏到你这儿就不行了？

你们说要创业挣大钱，但除了花光爹妈的赞助费，赔进了自己和朋友的储蓄，到最后关门大吉。我就亲眼看到有朋友烧光了几十万，然后跟没事人一样跟我说，现在社会处境都不好，谁谁谁不也倒闭了。我甚至都没有听到他的一丁点反省和思考，似乎那些牺牲的金钱和时间就如同水蒸气一样，连个水渍都没有留下。

对，你们都打算做一些事情，然后草草了事，中途夭折，最后得出结论，努力没有回报！

这样的努力真希望越少越好，除了给朋友带来糟糕的负面影响外，还伤害了父母期待的心！

我知道世间有很多很多不公平的事情，也知道有很多人一生下来人生起点就比别人高，就好像北上广考好大学的孩子，分数就比其他城市的孩子来得低，就比如生来就可以出国留学，远比那些窝在小屋里死命啃GRE的人来得容易，对，这是老天爷给的命，一开始就铁板钉钉了。

但是我们不能放弃，不能跟自己说，别人比我好，所以我就自甘堕落。就算我们努力了一辈子也追不上那些含着金汤匙出生的人，但我们可以改变自己，改变那个落后的人生起点。我们可以比之前的那个自己活得更好，我们可以比身边原本差不多条件的人走得更远，我们甚至可以尝试去够一下只有在梦里才能出现的生活。因为我们起点低，所以老天爷给我们预留的空间才大，所以才会有更多改变的可能性。

退一万步讲，即便自己努力了，但还是实现不了曾经既定的目标，比如目标是当某某主席，某某总裁之类，但是在这个过程中，老天爷让你结识很多人，遇见了很多事，从而拓宽了视野。俗套点讲，即便没有改变深度，至少拓展了长度吧。

我依旧相信努力的价值，奋斗的意义，依旧相信天助自助者，依旧相信坚持即便给不了结果，也一定会有精彩的过程。

所以，我真想跟朋友们说，收起抱怨，把时间腾出来做真正有意义的事情，做真正会改变自身的事情，做那些让别人真心佩服你的事情。

只要努力了，你会发现其实自己远比想象中了不起！

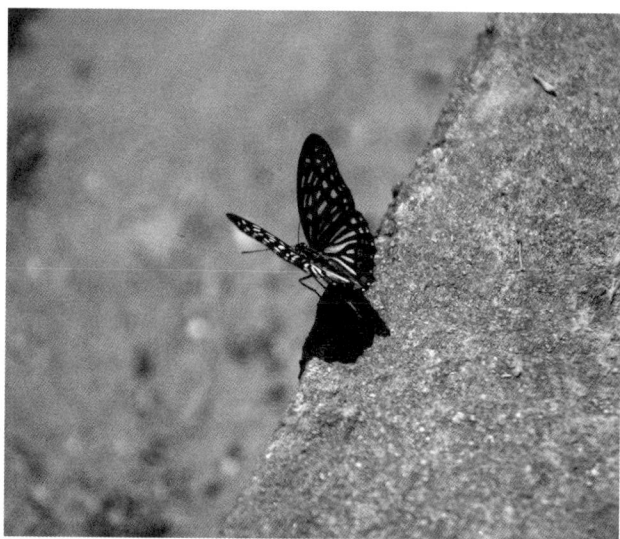

不要让职场包容你，而由自己定义职场！

【小 A 的故事】

我曾经认识一个朋友小A，哦，确切来说，如今已经不能算是朋友。我曾经带着无限期望去帮助她，而后又带着无比失望而离开。

小A跟我是同学，毕业后选择去一家英语培训学校当老师，刚开始的时候还是任课老师，但随着课业的逐步增加，她觉得自己吃不消，一来薪酬不见得提高，二来节假日都被牺牲掉，周末还需要出门拉生源，想想她就辞职了，跑到一家企业做行政。可惜，很快，她再次觉得工作不顺心，行政事情琐碎，还要做好人际关系，跑一些业务，小A觉得自己本来的意愿是坐办公室吹空调，不是来当保姆的，一年后，她再次选择了辞职。

失败不是任何外界的借口，世间上比你情况糟糕悲惨的人很多很多，但大多数人都选择了依靠自己的双手去改变。

第三份工作是家里人找的，去亲戚开的一个小公司里管钱，以防公司里面有外人对财务不轨。这份工作倒是很顺小A的心，每日不需要早起挤地铁，不需要晚上加班熬夜。日日只需要在日照三竿的时候，慢悠悠到公司，坐在办公室里处理一点小事情，四五点钟又可以打电话叫朋友聚餐吃饭。亲戚虽然开的工资不高，但是毫无压力和任务的工作，依旧让这一切看起来很美。

在这期间，我曾经提议过，是否考虑利用时间来学点其他东西。可是在她看来，时间大把，什么时候开始学习都不算晚。而当我问她，"什么时候"具体是指哪天呢？她的回答永远是"嗯，也许就是明后天，反正都来得及"。

当生活被"无所事事"充斥的时候，时间会奔跑得更加不留情面。一年多时间后，她叔叔的公司破产，公司解散，生活一切归零。

从毕业到如今，4年时光过去了，她依旧如同当年离开学校那般，没有任何拿得出手的工作经验，没有足以撑过三个月的闲钱，没有任何工作召唤。但毕业生至少还有青春，而她连青春也失去了，浑身充斥着老油条的无所谓。

当三个多月的口粮快要撑不下去后，她决定重新找工作，次次碰壁，次次拒绝。焦躁不安并没有将她的斗志激发出来，而是彻底打垮了她。在一番哭天喊地之后，她决定卷着包裹，窝回家，通过父母安排的相亲结婚来解决这一困局。

一个多么有"道理"的借口，用着"结婚大过天"的结论抹去了自己在人生道路上的失败。

半年后，结婚。

生孩子提上日程，三个月后怀孕。

当她开心地宣布自己成为妈妈的时候，我分明在她脸上看到了"老娘终于可以不用上班吃苦了"的侥幸感。

小A跟老公住在自己父母家，因为他们没有房子，也没有多余的钱可以租房分开住，更因为他们可以借助跟老人家待在一起，免去很多衣食住行的开支。小A的老公每月的开支用来支付两人的娱乐开销和怀孕期间的检查费用，而日常吃住包括营养费用都由父母一力承当。年近60的叔叔阿姨们，原本可以稍微喘口气，利用晚年的时光好好放松去享受生活，而今，除了正常工作外，还需要开辟人生第二职业，养活自己的同时，还要养活那一个小家庭。

【角度不同，选择不同】

人生就是如此奇怪，原本应该在社会上冲锋陷阵的年轻人，至亲儿女，却自甘躲在父母的身后，任由风吹雨打淋湿老两口。小夫妻们宁可忍受日日三餐的不如意，宁可忍受生活质量的一降再降，却就是不愿意走出家门，重新开始。

我相信社会上啃老一族们并不是少数，虽然表现形式各不相同，但实质却都很类似。年轻人放弃了奋斗和独立的意愿，让年长者继续背负养育的重担。

有些人是因为找工作不顺心，干脆卷起行囊回老家，将找工作的任务推给父母，如果父母无能为力，甚至自己还要抱怨下"为什么我的爸爸不是李刚"。

有些人是因为工作压力太大，自己能力无法跟上，于是他们不去思考如何通过其他方式让能力跟上工作要求，而是选择拍桌子说辞职，来一场说走就走的旅行后，面对羞涩的钱包，无望的职场前景，两难取其易，不工作了回家相亲生孩子，从此有孩子作为要挟，顺理成章吃喝玩乐粘着爹妈。

我常常看到小区里，有很多阿姨叔叔们，一边喜滋滋地带着小不点孙子、外孙，一边还要苦兮兮跟左邻右舍抱怨自己儿女没出息不出去工作，就在家玩小孩。

就好比小A，怀孕生孩子，曾经高调宣布孩子满周岁后就赶紧找工作，不让爹妈累着，要学会跟老公一起负担小孩子的开支，而今孩子都快三岁了，她常常挂在嘴边的是，"我要让公婆负担小囡囡的幼儿园费用"。我想，除非有一天全家都揭不开锅，否则她永远不会出来找工作。

相亲是为了终身大事，怀孕生孩子是为了让爱情充实，让家庭更加圆满，但这些永远不是自己选择不工作的借口和理由。如果认为这两件事大过一切的工作，那么根本无法预料的地震、火灾、洪水或者交通意外都比相亲和生孩子事大，是否他们也会因为不知道第二天会不会活着，就彻底放弃工作的动力。

每当世界出现重大灾难时，身边就有朋友立刻跳起来呼朋唤友吃饭说，"哎呀，存什么钱，赶紧出去旅游享受生活，说不定明天我们这里大地震，什么东西都没有享受过就死了多可惜！"但，也有朋友面对这种自然灾害时，会更加认真地对待工作和生活，爱护随时就流逝走的时光，珍惜并不知道何时会被上帝收走的生命。

因为我们用不一样的眼睛来看待自己的生命，就会对它赋予不同的定义。有朋友认为生命就是拿来挥霍、浪费和虚度的，那么他使唤生命的方式就是胡吃海喝，花天酒地。在他们看来，生命咋也没有比这样的方式更好定义。即便真的灾难降临，只要知道自己酒足饭饱，黄泉路上就不遗憾。

有朋友认为生命是用来创造价值的，对自己也对他人，那么他使唤生命的方式就是用尽全力去发掘能力，创造出一些美妙的东西，给自己给他人带来快乐和满足。即便真的灾难降临，只要知道自己做出过什么，黄泉路上就不遗憾。

上述两类朋友看待问题的出发点不同，但至少他们都是明白人，有目的地去行使自己对生命的权利，但最可怕的是，介于中间的朋友，他们不知道自己生命的目的何在，也不知道每日的生活意义和价值所在，既不能够努力创造出物质条件满足自己的享受，也不能尽心创造出财富去传递价值，他们就好像稀里糊涂在吃饭，不知道这些饭菜的好坏和新鲜，也无法体会出厨师们通过食物传递出来的情感。他们会感叹《舌尖上的中国》那些蕴含在食物里的文化情感，但回归到现实生活里，又成了半瞎，看不到好，也分不清坏。

哎呀，好像话题扯远了，拉回来。

【不是无奈，而是无能】

啃老族的很多人是逃避工作，他们不是社会不公的"无奈者"，而是缺乏斗志的"无能者"。世界上除却隔行如隔山的高科技行业，很多职业都是在与人打交道，很多职业的内容也仅仅是继承和发扬。

我很少看到大众化的职业中，新人是孤独的一个人战斗，即便在一个工作环境中没有前辈愿意带着前行，但职场一定会提供新人学习的渠道，那些变成白纸黑字的文件资料，那些同事吃饭聊天时的一些话题讨论，那些会议中的激烈争辩，那些自己处理屡战屡败屡被骂的活动项目，这些东西都在用自己的方式帮助新人前行。

我一直不支持"多做多错，不如不做"的论调。很多人跟我说，这句话是有道理的，往往很多事情你不揽在身上，那么你就不会介入，然后，你就不会犯错误，你也就不会有损失。

我相信，这个理由很多很多人都用过，可是大家有没有想过，这个理由的核心思想是什么？"多做多错，不如不做"归根究底的目的是为了"保住饭碗，不因为自己的过失而蒙上损失"。

但我们扪心自问下，这一次逃避过事情，可以不承担责任，但与此同时也无法通过一些事情得到能力上的锻炼，当自己因为这些借口而疏于锻炼，渐渐被其他人追赶上，那么真正损失的又是谁呢。

要知道，如果是自己工作量巨大，拒绝一些无关紧要的工作，那是对自己也是对工作的负责，但如果仅仅因为害怕担负责任，仅仅为了偷懒去吃喝玩乐刷网页，那么这种拒绝推开的不是工作，而是把自己从职场中心彻底推走。

我从不讨厌错误和失败，错误不是让自己蒙受损失和承受委屈，而是通过一次一次的错误去发现自己能力上的薄弱环节，去洞悉自己人性上脆弱点。人在安逸中会倦怠，时间久了，工作顺手了，那么在能力退化、思维僵化的同时，自满和骄傲也会膨胀，这无疑为未来的巨大隐患埋下种子。而适度的挑战和焦虑会让你时刻保持清醒，又能够不断地去吸收新知识，拓宽自己的视野，培养自己的能力。从这个角度来看，错误往往就是一个好老师！

要知道，拒绝接触新事物，躲避犯错的可能性，就是让自己成为职场上的笼中鸟，将自己困死在职场的那一方中，让别人来决定你的未来和发展。而自己主动出击去寻找发展机会，由自己不断强大的能力来定义职场的广度、宽度和深度。

主动与被动，顺遂与艰难，往往就在一念之间！

难道有钱人就应该努力，穷人反而需要自怨自艾

　　我很喜欢努力向上的人，每每身边有这样的朋友，我总是尽力帮助，比如某位朋友说，她打算考研，那么我会很开心地帮她去查询相关的学校，把自己当初准备考试的资料找给她，建议她做学习计划，要注意哪些方面的缺失等等。再比如某位朋友打算离开一份糟糕的工作，跳槽去某一个性质更佳的单位，我也会很开心地鼓励她，甚至在力所能及的范围内帮忙看看有没有人际脉络，提供一点咨询。再比如某位朋友打算学习理财，向我询问相关的咨询，我会很乐意地将电脑中保存的那些资料都发给她，甚至包括我自己的开户情况，持仓情况和买入卖出的经验教训都告诉她，希望她不要犯我那些荒谬的错误。

　　我希望身边的朋友都生活得很好，也希望他们能够做让自己快乐的

事情，因为只有这样整个朋友圈才会呈现出一种积极向上的氛围，继而继续推动大家一起往前走。但，我很悲哀地发现，这些都是我个人的一厢情愿，每每他们说起自己最近想做的某个大事，激动开心的人是我，而他们总是不约而同地在一两个月后计划流产，甚至有些计划在聚会后就抛之脑后。

很长时间，我一直在想，他们明明有更好的选择，明明知道自己的困境，明明已经在不断得抱怨情况糟糕，已经被生活压得开始喘不过气，为什么还改变不了。

如果有些人不明白自己的困境，觉得工作生活即便有压力，但自己能熬得住，那么他们不去做改变很正常，毕竟没有伤到筋骨，感觉不到痛。但我的这些朋友们已经明白自己的近况糟糕，甚至已经知道改变的途径，可偏偏就是不做。

这里面有自制力的问题，有毅力坚持的问题，但还有更深层次心理的问题。

01

我从工作一开始就学习理财，在摸索了一段时间，读了大量的书之后，慢慢形成了自己的规划。当我自己有了一定的成果时，我会跟朋友一起讨论理财的问题，而且他们当时的情况跟我最初开始理财的情况是类似的，同时我也发现他们有金钱上的渴求。既然有渴求，又有学习的途径，按理来说很容易就会把"理财"这件事情做起来，但情况却让我大跌眼镜。

他们不愿意，或者自称做不了。当我问他们，为什么做不了？

他们说，"很简单啊，你运气好，工资比我们高，而且爹妈条件好，又不让你负担什么房子费用，吃饭费用的，你当然存得下钱。而且你的机会比我们多很多，有钱可以买股票，买基金，甚至入股一些公司，我们哪有这些机会啊。即便你把那些好的论坛给我们看，我们学了能有什么用，买一手茅台还要一万多呢，哪有那么多钱！"

这就是他们的逻辑，完全本末倒置！

关于理财，他们的着眼点永远都不是攒钱的过程和方式，而是直接跳到结果，觉得是我的工资高，条件好，机遇多才有了现在的生活，跟努力存钱，积极开源毫无关系。在他们的逻辑里，如果他们能够生活在我这样的环境中，自然而然就会有开源节流的意识，自然而然就有各种投资渠道供他们使用，自然而然就可以改善经济状况。

02

我常常想，到底是怎样的思维模式才能造就如此的人生观——自己的一切失败不源于自身的懒惰，而源于其他人的条件比自己优秀。在《我依旧相信努力的价值，奋斗的意义》帖子中，我强调了努力对于人生的意义。但我发现，这类的人即便看到别人努力所得的成果，也不会将此归于对方的勤奋，而是归于对方从一开始起点就比他们高，运气就比他们好。

"天生命不好"是他们解释人生的唯一理由！

我曾经问过他们，难道在他们看来，有钱人日子过得好是因为生来就含有金汤匙的原因，而他们日子过得糟糕，是因为他们生来就在社会底层，所以前者可以炫耀，而他们就只能自怨自艾？

不出所料，他们用"命运"二字回答了一切。

我突然开始意识，为何身边总有那些让我觉得无能为力的朋友，为何他们的生活不可遏止地走向糟糕，因为他们的三观里没有"努力改变"之说，只有"命运决定一切"之论。

朋友A很想深造，至少在平日见面聊天的时候，他对于研究生依旧有种憧憬。我就建议他可以尝试一下，毕竟考试的成本并不高，只需要挤出点时间，花费点精力，就可以了。可是这三年来，听了无数次他要准备考研，却无数次计划流产。原因无非是，哎呀，我工作太忙，怎么都抽不出时间看书复习。

是啊，他的考研失败在于工作太忙，没时间看书，倒是有时间在办公室闲聊，吃东西，网购或者周末聚会。

朋友B总是抱怨自己工作糟糕，遇人不淑，想换工作。但叫嚣了N久就是不见动静。有时候我实在受不了无休止的埋怨，直接问他为何永远停留在说上，死活不见动静，结果他回我，哎呀，我到哪里去换工作啊，工作那么难找，我要是跳槽了，找不到更好的怎么办。现在世道这么黑，好工作都是要有背景的，我什么都没有，怎么可以进去。而且这份工作就是对我再不好，好在还能每月给我发工资。工资虽然比别人低，但还有人拿得比我还要少，比上不足比下有余了。

是啊，你自己不愿意提升能力，宁愿当个奴才被别人奴役，以为安于现状就可以逃避自己不努力，不求上进，不深造学习的现状。当一个鸵鸟，渐渐被公司的其他人都超越，渐渐被社会给抛弃，然后等待被公司裁员，到时候再把自己的失败归咎于公司的狼心狗肺和自己命运多舛上。

朋友C则是找个对象也要自贬身价，明明自身综合条件不错，可每每遇到条件优秀的人，总是会逃跑，或者直接把姿态摆到特别低，让对方嫌弃自己。最后折腾来折腾去，找了一个综合条件远不如自己的人。我起初以为是因为对方非常爱她，而且自身的潜力上佳。可打了照面，了解了一段时间才发现，压根不是这么一回事。她找个对象不过是普通大众的一枚，无论从学识素养乃至家境都远远逊色于前面的N多个前任，更重要的是，在"爱"这个字眼上也没有发现有多么高的LEVEL。我问她最终为何做出这个选择，她想想说，因为自己家又没钱，又没势，而且自己工作也不过就这样，能找一个差不多的人家就OK了，还要求什么。生活不就是过日子嘛，不饿死就好。再说那些条件不错的人家哪会看得上我啊！

是啊，自己连自己的前途都放弃了，生活陷入窘境，原本她找一个不错的男生，帮助她往上努力一把，生活很可能会发生巨大的改变，不光是经济方面，在见识素养，乃至于精神层次的很多方面都会改善，婚姻不仅仅只是两个人肉体上吸引，很多时候会是两者人生舞台的拓宽。可是呢，她不要自己过得好，而是要自己过得爽。宁可找一个不如自己的，建立一个心理上的优势，似乎看看外面的世界太可怕，自己比不过，但家里有那么一个比我还要菜的人，比来比去，心理优势又有了，生活看上去也没有那么糟糕。即便在外面憋了一肚子气，回到家里还可以叉着腰指手画脚，呼来喝去，可以当家做主，翻身成奴隶主。好像，在家里成了主人，就可以抹去自己在现实世界的失败。于是，自己不努力，枕边人比自己更加不努力，两个人越拉越LOW，日子越过越差。

03

这些都是现实中发生的一切，我遇到的还不止一个，甚至我发现在我朋友的朋友圈，这类的人也很多。他们是社会负面情绪最爆棚的集体，也会是生活越过越糟糕的群体，更可说是一群固执得跟石头一样的loser。

他们埋怨自己生来就处在不公平的地步，却偏偏看不到自身的懒惰和堕落；他们只看到其他人的条件优越，却看不到那些人背后默默地努力。

我从来不觉得努力是多么了不起的事情，好像一个人在角落里默默奋斗，默默给自己打气，看上去特别高端，其实压根没那回事。努力是每个人对"生来仅仅一次的生命"最起码的尊重。

倘若由于不可抗拒之力让自己的物质生活比较糟糕，那么至少还可以有一个健康而富足的精神世界。但倘若并不存在那些不可抗力的因素，身体健康，有手有脚，年轻有精力，甚至身边就有资源，那有何理由选择视而不见，窝在自己的狗窝里怨天尤人呢？

　　我尊重一切凭自己的努力而生活的人，无论他们当下的境遇是好还是坏，至少他们的努力体现出对自己的尊重，也体现出对现实不满的改变。就好像，我更愿意在朋友境遇糟糕的时候雪中送炭，而并不热衷在朋友发达时锦上添花。患难之交常出现在前者，酒肉朋友长存在于后者。

与其模仿别人，不如塑造自己

"一个连欲望和冲动都不是自己的人，也没有性格，就像一个蒸汽机没有性格一样。"（约翰·密尔）

【从众是因为安全】

随大流也好，从众也好，依旧是这个社会的主旋律。我们在成长的过程中无时无刻不被这种从众影响着，只是由被动或者主动的区别而已。

被动就是，父辈们在晚辈求职和婚姻方面不遗余力地展现着他们的"深思熟虑"，然后抱团一起给孩子们进行洗脑和施压，让孩子们按照他们认为的那条"美好之路"前进。

主动就是，我们面临着学业的困惑时，面临着工作的瓶颈时，面临着人生的艰难时，我们会本能地选择退缩、妥协和放弃，躲在自己的小屋里，宁可拿时间来舔伤口，也绝对不愿意探出头求生存。

看起来，"被动"与"主动"之间并没有太多的相似，这些好像是不同的主题。但有时候想想，这些"被动"和"主动"的背后都隐藏着一种根深蒂固的思维——"安全感"。

从众是因为安全。

从众去考公务员，是因为公务员的待遇好，工作清闲，没有下岗的危险。这样一来，孩子的生活就会变得比其他需要奔波的孩子更加安全，无须担忧要面临社会的波动和经济的不景气。

从众去选择条件好的人家，是因为条件好的人家经济更加有保障，只要有了婚姻的事实，就可以将自己（暂时或者永久）置于一个"抗通胀"的安全区域。如果儿女孝顺，很可能会演绎一下"鸡犬升天"的故事。

从众去选择跟大多数同事一般，宁可忍受着低廉的工资，扮演着可怜又可恨的廉价劳动力，是因为留在即便已经糟糕透顶的公司，总比离职后面临失业来得保险。工作再坑爹，每月总会有糊口的工资。

安全啊安全，以为跟别人做着一样的事情，就可以高枕无忧？却不知道，他们在选择从众的那一瞬间，已经将自己人生的"主动权"拱手出让给了他人。

蜂拥而至去当公务员的人，除却极少数真心为了"国家政治"鞠躬尽瘁的人以外，其他人都将自己后半生的选择权交给了这个职位，也就是决定着职位未来走向的体制。

想嫁入豪门的人，将选择权交给了夫（妇）家。对方经济条件的优越也就证明了婚姻生活中经济的严重不匹配。没有经济对等，就很难有话语权。当一个人丧失话语权后，又怎么能够获得平等权。经济条件的失衡很自然带来婚姻生活中地位的不对等。失去了权益的一方，又怎么可能拥有对等的选择权。

选择窝在糟糕的工作单位的人，将选择权交给了无良的公司和雇主。继续掩耳盗铃麻木地工作着，不愿意正视自己的职业失败、公司欺诈，渐渐就成为被动的工作者，不求上进只求苟延残喘地活着，那么新的工作机会也好，新的职业发展也好，都不可能被自己抓住。他们能有的只是，看雇主的脸色，亲手把自己推到了任人鱼肉的境地。

其实，"从众"远非仅仅只有这些表现，更多的"从众"体现在我们生活的方方面面，更加不经意，更加微妙。

比如，我们爱说着跟别人立场相似的观点，附和他人看上去高端的言论，生怕一开口表达个不一样的观点，就让别人嘲笑自己的见识浅薄。我们喜欢追求别人认可的时尚，跟风着时尚达人推广的那些神奇物品，生怕一不小心就成为时尚的落伍者，别人调侃的"土鳖"。我们相信所谓的社交名言，模仿着所谓"社交高手"的为人处事，生怕一背道而驰就成为社交场合的"不合时宜者"。我们相信这别人口中的"经验之谈"，用"别人都是这么做的"给自己的跟风行为正名，生怕一质疑就走不了捷径，甚至会失败。我们都竭尽全力贯彻着社会认可的那些"价值观念"，生怕一个闪失就让自己成为他人口中的"怪人"。

是啊，我们这么多的"生怕"，不得不去寻求"安全"。跟着大众走，不知道结果，却一定很"安全"。因为出错，那也有很多人跟我一起出错。即便真的倒霉，也有很多人跟我一起抱怨，抵消自己犯错所带来的内疚感。

选择独自做出判断，就意味着很可能跟社会的主流价值观背道而驰，就意味着很可能需要背负极大的压力，默默承受来自四面八方的质疑，就意味着很可能自己要承担一切责任和后果，就意味着很可能一旦失败后就面临成千上万人的嘲笑。

所以，随大流是容易的，妥协是方便的，从众是最安全的，而做一个拥有独立人格的人是艰难的。

密尔说过："人类的认知、判断、有区别的感觉、精神活动甚至道德偏好等能力，只有在做出选择时才能够得到运用。一个出于习俗而做事情的人，并没有做出任何选择。他也没有锻炼自己的辨别能力，没有追求什么是最好。心智和道德与肌肉的力量一样，只有通过使用才能够得到提高。一个让世界或者他自己的那部分世界为他选择生活计划的人，除了类人猿的模仿能力之外，并不需要任何其他能力；一个为自己选择计划的人，运用了他的所有能力。"

【穷养富养，根本就是不负责任地乱养】

前几天，豆瓣的朋友们又把我关于理财的旧帖翻了出来，结果针对我"每年都有压岁钱"的问题进行了一堆的炮轰。

对，没错，在很多人看来，我在成年后，或者说，毕业后，或者说，工作后还是拿着不菲的压岁钱，有点说不过去。似乎我就是因为拿着这些压岁钱，加上还有一份待遇不错的工作，才能够攒下钱。这什么乱七八糟的逻辑。不过逻辑问题，我也懒得重复解释了。

不过，这个压岁钱，的确反映出一些问题。

我的压岁钱不少，6000到1万不等。且不仅仅是压岁钱，我父母，特别是我爸最喜欢给我各种赚钱的机会，或者每年找个借口给我发钱。

在我很多朋友看来，我有一个非常宠我的父母，至少在经济上给予极大的满足。但是，他们永远只是看到表面，所以他们也只能停留在羡慕我的位置上，却永远窥不到我财务宽裕的真正缘由。

为什么我父母在财务方面，对我这么大方，因为他们非常清楚，我从来不会肆意去挥霍钱财，从来都不会放纵自己的欲望，没完没了地去消费。他们愿意给，因为他们放心，我自己有每个月的消费计划，每年的存钱计划。所以，他们的给予只是让我可以把目标实现的时间提前而已。

而反观我那些朋友，他们获得一些额外的收入后，最直接的冲动是赶紧消费，好似这些钱都是从天上掉下来的，不花白不花。那持有这种理念的人，又如何会理解我父母的"大方"呢？

以前，我问过我妈，如果我跟某某某一样，肆意挥霍着父母辛苦节省下来的钱，她会怎么样。我妈瞥了我一眼说，"哼，如果你那样，别指望从我这里拿走一分钱，而且我还要每月让你寄钱来养老。"瞧，我妈多明白，"乱花钱"不是我家的"家风"。

有压岁钱这个问题，稍微展开一下，我想到了一个老话题"女孩要富养，男孩要穷养。"这个话题应该很多很多人都耳闻甚至亲身经历过吧。我身边有一些朋友，就是如此被父母抚养长大的。

我相信，这句话能够如此长久流传下来，一定会有它的道理，但它所谓的道理在流传的过程中，被无数脑子不清楚的爹妈给误用了。

就个比方吧，我身边一个朋友是单亲，跟妈妈过。她妈妈工作非常勤苦，尽力去满足女儿的一切日常需求。她的吃穿用度都比普通人家要高出一筹，至少比当时的我要好很多。我常常很奇怪地问她，你妈妈已经如此辛苦了，为何你不能省点开支，别总是让你妈妈给你寄钱（当然，她妈妈也有问题，很多时候会主动给）。而她的逻辑就是"我妈妈说了，女孩子要富养，这样才能以后才不会被有钱人用物质给勾引了。"

瞧，这就是"女孩子要富养"的理解。

开始我还觉得这只是个例，随着社交圈的不断扩大，我发现这类的理解比比皆是。似乎每一个热衷消费的女孩子都愿意用这样的逻辑来自我安慰。更可笑的是，很多支持女儿如此消费的父母也是用这种论断来解释他人的质疑。

富养也好，穷养也罢。父母最应该做的难道不应该是培养孩子正确的消费观吗？告诉孩子，金钱的含义，合理消费和积极储蓄的意义，珍惜父母的付出，培养自己的能力？

当然，我相信，通常儿女拥有混乱的金钱观念，家里的父母自身的金钱观也好不到哪里去。

也许我真的在慢慢长大

【不安感从何而来】

还记得2011年来豆瓣的时候，我曾经发过一个帖子，询问大家知不知道"安全感从何而来"。小组里每分钟频繁的刷屏很快就让我的帖子石沉大海，我自己也当作一个笑话，很快忘了这个小事。

这周我跟朋友聊天，不知道为何就扯到了"自信与不自信"的话题，在胡侃的过程中，我惊讶地发现，其实"安全感"的问题很早就在困扰着我，甚至我自己也没有清楚地意识过。

比如，读书的时候，换一门新课，我总是会没来由课前紧张。换一个新老师，也会不自然地担心老师会不会不喜欢自己。换一个新的学校去深造，不是更加兴奋，不是对未知世界充满好奇，而是对新的环境、新的人际圈、新的教育过程感到恐慌。来到一个新的工作单位，最先想到的不是自己开始自力更生丰衣足食多么惬意，而是担心是否能够在这个陌生的环境中生存下去。

朋友说，你这种是典型的"不自信"。我问道，"为何不自信？"她说，"对自己的不自信，往往反映出对当下自身能力的怀疑，对自己缺乏认可。"我继续问道，"那是什么原因才导致这种不认可或者怀疑的出现？"

她想了想，问我，"你什么时候对自己感到满意的？"

我说，"应该是这一两年吧，我开始觉得自己可以处理一些以前从未敢处理的问题，我可以应对一些恼人的人际关系，我也不需要当一个伸手党跟父母要东要西，甚至我愿意去做一些冒险，尝试一些未知却可能失败的事情。好像，当自己可以掌控生活，承受失败，并且能够为生活中出现的各种奇怪事情买单时，我内心某种不安感在渐渐变少。"

朋友说，"不安感减少就意味自信在慢慢恢复，进一步说，你就是长大了。"

长大了，很长时间我对于这个词的理解停留在表面阶段，仅仅认为到了某个年纪，拥有了某份工作，甚至开始背井离乡的生活，这就是长大，然而这些表面的成熟永远也解释不了内心的不安。这也就是为何我读完了研究生，我开始在一个陌生的城市独自生活工作，依旧有种强烈的"不安感"，也就解释了为何我会在豆瓣发帖询问"什么叫作安全感？"

而今，我开始有点明白成长的含义，成长意味在某些方面的成熟和强大，意味着某些脆弱的部分被摒弃或者修复，意味着对未知由恐惧变成好奇，掌控替代依赖。

当我现在可以很自然地说出"不怕，有什么不能解决呢？"时，不安就这样被排出体外，自信被拥入怀中。

【自信的背后是什么】

那么，"拥有自信"自然就会带出另一个问题——自信源于什么？

我知道，因为每个人的成长环境和个人性格的差异，必然会对"自信"有着完全不同的定义。而在我这里，自信是个很难很难才能获得的一种自我暗示，甚至我会认为，自信需要一个强大的能力作为后盾。

开玩笑的看，这其中必然有我父母攀比作孽造成的心理阴影。我的同龄人中有自小就玩世不恭不学无术高中未毕业就外出打工的小伙伴们，父母从来不让我跟他们一起玩，于是我对于这些小伙伴的认知就停留在"某某叔叔阿姨的小孩"这个概念上。而与我一起成长的那些小伙伴们，却是一群令人抓狂的学霸。从小到大，我存在的意义就是凸显他们的优秀，我很难理解，为何他们总是在学校里考第一，为何在我家玩了几天就可以把世界地图的大部分记熟，为何同样的"十万个为什么"拿起来读，我读了一学期还是停留在"为什么我都记不得"，而他们早就可以讨论各种"为什么"的妙趣。最可怕的是，我妈好友的儿子，数学太好，竟然出现了连续一整年数学考试都是满分的壮举，就连他所在的"奥数班"班主任都惊讶，怎么就没有试卷能难倒他。要知道我们学校是一个相当不错的全国重点中学，而他又是在年级中最强的尖子班，老师的感叹就是最高的褒奖。

在我的小伙伴面前，我就注定是个LOSER（失败者）。他们读985，我只能读211，考研的时候他们依旧是985甚至出国，我还是211。工作了他们工资是15000，我是5000，人生在每个节点上都落后人一拍。有时候想，也许这就是一种能量守恒吧，因为我父母相对于他们父母而言，过于优秀，以至于老天爷一定要以这种方式平衡下磁场。

所以，有上面一些糟糕的成长经历，我很难去认可自己的能力，因为同样的一件事情，总是有人可以做得比我好。强烈的挫败感只能带来严重的不自信。

以上，再重申一遍，绝对是我父母攀比心理作的孽。

那么，什么时候我开始渐渐改变，对"他人绝对认可"的迷思开始慢慢破除？

我想，这还是要归功于工作所带来的不一样的体会。也许在学业上我的确没有那么强大的能力，也没有绝高的悟性，但是工作是另一种思维方式，需要的是另一种领悟能力。当我在工作中慢慢去解决一个又一个问题，在工作中悄悄地学习强者的一些方式，甚至我在承认"自小面对学习的消极态度"后，而愿意选择从当下开始重现自学，奋力直追（试想想，小的时候我的人生格言可是"追不上就不追了"）。

正如我现在的信念那般，"我善待生活，生活自然也会宠爱我。"工作前三年的努力让我的知识不断提升；大量的阅读即便没有变成可视的文字，却在逐步丰富我的内心；与人之间的纷争解决在强大我内心的同时，也在提高我的能力。

人与人之间的差距的确不是一日两日拉开的，也不是一日两日可以追赶的。但，可以用365个日夜来缩短，不够的话，可以用两个365个日夜在追赶。我原本以为我可能终生也无法缩短与某些小伙伴的差距，却没有想到，仅仅三年，我似乎要跑到他的前面去了。

人永远会比梦想走得远，这是赵行德说的。试想下，他那些如今看来让人咂舌的经历，倒回到3年前，或者5年前，有谁觉得他能实现？

当我开始变得强大，自信渐渐回到了我的内心。而当我变得自信时，这种心理暗示会带来不可思议的积极力量，所谓良性循环，有时候就是如此美妙。

真想跟父母说，唉，早年为啥你们就不鼓励鼓励我，非得用贬低战略？

有人会说，自信来源于自己的肯定。是，有些人的确天生就自信，我就遇到某些无论何时都特别自信的人，当然，在我看来有时候过于"自以为是"了。但不是每个人都可以通过没来由的自我暗示获得"自信"，比如我。我就是那种需要通过"自身能力的强大"来给"自信"佐证的人，我就是那种需要通过"别人的肯定和赞赏"才能给"自信"加分的人，没办法，我认！

【父母的不放手，有时候是因为他们不相信我们能变得更好】

当我们觉得自己够了不起的时候，当别人已经开始对我们表示出一定的认可时，我们却会发现，在父母面前，我们依旧无法获得他们的支持和赞赏。

一个简单的例子。在上个月我跟单位因为某些事情发生冲突时，我一时兴起，犯贱把这件事情告诉了父母，结果单位的事情没有怎么样，父母那边却一连几个电话，让人非常郁闷。他们总是担心我不能够很好地处理这场冲突，总是认为我会闹脾气使任性。为何，很简单，在他们眼中，我依旧只是个乱发脾气的孩子，依旧不能够如他们所期望的妥善处理好复杂的人际关系。

这时候我会想起很多小伙伴的困扰，性质一样。比如，某些朋友说要离开家乡，去别处闯荡，于是父母，特别是妈妈必定会一哭二闹三上吊；再比如，有些朋友说自己要辞职换个其他的工作，父母一定会用劝阻恐吓威胁甚至示弱的方式来打消孩子辞职的念头。这些事情天天都在上演，每每都是一出可歌可泣的悲喜剧。

有人会说，我可以说走就走啊，我的人生可以自己做主。是的，那是因为你的这股勇气已经可以向父母证明自己的独立和果断，甚至不排除有些儿女的确就比自己的父母要厉害和强大，这些人对父母而言是骄傲。

可，依旧有很多人的父母强势优秀甚至武断，他们认为自己的人生是成功的，而自己的孩子是弱小的，没有自己的庇护和领航就一定会失败。面对这样的父母，一种孩子会逆来顺受，甚至打出生起就被父母剥夺了"独立性"和"自我人格"，而成为父母安排下的"理想子女"。而另一种孩子，有自己的梦想，想有自己的作为，可是这种"梦想"和"作为"在父母看来就是"自讨苦吃"，甚至"痴人说梦"。他们的"人生规划"，永远不会和这些孩子并轨。于是，矛盾和痛苦就由此产生。

前两天还有朋友跟我说，为什么她的父母总是不相信她能够把事情做得很漂亮？是啊，为什么呢？因为她也好，或者我们，从来没有让父母看到自己有能力把事情做漂亮过。

我们在成长的过程中展现了过多的依赖性，比如求学，比如生活，比如工作，似乎在人生的每一个阶段父母都会，甚至必须给我们安排些什么。年幼的时候自己不够强大，甚至还没有发展出自己的独立性，觉得依赖父母也挺好，于是他们想当然的认为自己的孩子需要帮助。等渐渐我们长大了，突然间对自由变得渴望起来，叫嚷着我要自由，我要离开，还希望父母能够瞬间明白这一切，然后给予支持和鼓励。

可是，这可能吗？

我们用了20多年的时间来证明自己是父母庇护下的一个弱小的孩子，那么我们能够拿什么来证明自己的一夜长大。更可悲的是，一方面我们叫嚷着要自由，一方面我们并没有停止过对父母支持的索求。

想离开家乡出去闯荡的朋友，是否真的有勇气一走了之，是否真的有毅力摆脱父母经济上的支持，斩断家里温柔安稳乡的诱惑？想辞职重新调整职业轨迹的朋友，是否真的决心放弃鸡肋一般的职业，是否真的已经开始为新的职场生活提前做功课？

可惜，很多朋友，或许只会将行动停留在口号中，却没有任何真正行动的意思。

因为我们从来没有让父母见证过自己的成长和强大，所以他们不相信我们能够走出他们的安全屋，依靠自己也能生活得很好。那些为自己儿女骄傲的父母，有一个很重要的因素存在，他们的儿女自小就让他们骄傲，自小就展现出强大的能力，自小就能够证明自己可以生活得很好，而我们呢？

我们未必要变得多么了不起，但我们要能够让父母相信，依靠自己依旧可以生活得非常精彩，也许那个时候，父母会成为我们最坚定的支持者，而不是当下的反对者，当然，我正在尝试，也必须要尝试变成那个自己。

生活，请好好呵护

【一个治疗费用引出的话题】

这两天在网络上遇到久未露面的朋友B，得知她家小孩这段日子住院，一家人忙着围着这个娃转。幸好，小家伙的病不算严重，动个小手术，住院一周后就可以回家了。我问小孩子病情的时候，顺口问了问住院治疗的费用。朋友说，虽然手术不算大，但整个费用也要接近一万。好在她老公的公司可以报销绝大多数的费用，所以家庭方面并不太吃力。朋友感慨她老公的公司福利待遇好，否则小孩子一生个病就要开支这么多，真不知道以后怎么办。

不知道为何，我突然就想起了另一个朋友D，几个月前不知道为何，夫妻两人接连往医院跑，虽然算不得什么大病，但断断续续的治疗竟然也花了3万。得知费用时，我大吃一惊，直接反应"要不就是医院辣手开了一堆高价药，要不就是你们过度治疗了吧"。为此我还特地咨询了身边的医生朋友，他们的症状是否会导致如此大额的治疗费用。结果，那些朋友同样也很困惑，说按理不需要如此的开支。所以他们让我将朋友D家治疗期间的所有费用单拿过来，核实一下。可惜，朋友D除了埋怨下医疗费用坑爹，无意做进一步的咨询，于是作罢。

我突然想起这么个事情，倒不是要探讨医疗费用方面的问题，而是工作的问题。

虽然不见得对，但我一直持这样的观点，除却自己创业外，一个人找工作，如果能找到跟自己兴趣相关的，且拥有不错发展和薪酬上升空间的，那就要拼尽全力抓住，尽一切可能在其中立足。如果没有如此渺小的幸运，那么找工作还是给自己定一个标准，按照自己所学专业尽可能进入一个大点的正规公司，无论是外企、民营或者是私企，都要进入那些能够提供正规保障的地方。要是这条路也很艰难，那么为了生计和立足，先进入一个小且不正规的公司，尽快适应这个行业，提升自己能力后，赶紧攀高枝离开。

那些糟糕的公司就如同身边糟糕的人，他们只会不断地增添整个氛围中的负面情绪，继而波及身处其中的每个人，接着人人都向最糟糕不堪的那个人看齐，随着时间的推移，每一个人都比几年前的自己要差劲好几倍。

就说B和D同样的治疗费用问题。前者的老公工资待遇福利好，公司可以照顾到职工的家庭状况，哪怕她老公的福利COVER（抵消）不了多少，那B的单位也可以报销其中一部分，再退一步，即便两者公司都不能COVER（抵消）费用，这两人都在正规外企和单位，按照国家规定，依照工资标准按时缴纳过保险，所以国家医疗保险也能够COVER其中一部分。

但是另一个朋友D呢，她待业在家，当着名义上清闲的全职太太，她老公待在个不知道什么类型的私人企业，连个保险都缴纳得乱七八糟、断断续续。有意思的事情是，这样的单位他竟然待了好几年，明明知道制度有问题，薪酬不给力，偏偏就是赖在那里，不想办法跳槽离开。正因为如此，夫妻两人绝大多数医疗费用都要自己负担。更糟糕的是，我了解这两人，他们都很热衷过度医疗，很多检查医生可能只是提一提，或者建议一下，明明可做可不做，但到了他们那里就一定会检查。我常常跟他们说，如果真的是大问题，必须要做的检查，医生一定会再三强调。唉，可惜，他们听不进去。

我曾经跟朋友D说过，即便你赋闲在家，也不能忘记缴纳一些重要的费用，哪怕你不愿意缴纳国家规定的医疗保险和养老保险，觉得不合算，OK，那至少给全家上一份相关的保险。没有谁可以保证自己一生无忧，什么毛病都不出，什么险情都不会遇到，更何况你还有"倒霉"体质。

可是，她只会跟我嚷嚷说手头紧，根本没有多余的钱拿出来给自己缴纳那些费用。于是又回到无数次吵架的话题：找工作。自从她赋闲在家后，我常常希望她能够出去找一份工作，可是她就是找各种借口去推脱，或者用之前狗血的工作来证明"好工作轮不到自己，自己每次都会遇到人渣上司"，或者就是"唉，我这个专业很难找工作，每年那么多人失业呢"等等。

我问她，是啊，因为很多人失业，所以你也非得失业来证明下这个逻辑是对的。你现在不工作，哪来的钱支付你们的开支，难道非要走"降低生活标准"这条路，从"天天吃肉喝汤"变成"啃馒头就咸菜"？她往往沉默，或者转移话题。

【谁说专业没用，关键看你怎么用！】

有时候，我真心搞不懂，怎么就你专业不好找工作。我承认中文系工作的确难找一点，但每年毕业的那一大堆孩子中，总有人混得很厉害，偏偏到你这就不行。实在不行，转专业也来得及。

我妈妈朋友的儿子学的是历史，上的是三流学校，毕了业，找不到工作。后来不愿意待着家里啃老，去考资格证，成了导游。导游就需要侃大山，到了名胜古迹能编出顺溜的故事来吸引人，增加小费收入。看上去他做导游，跟自己专业历史没半毛钱关系，但这小子不笨啊，把历史那套故事混搭在自己的故事里，半真半假，忽悠人一套一套的。工资水准噌噌噌往上跑。四年之后，攒了钱，自己当老板去了。

谁说专业没用，关键看你怎么利用！

【双重标准过日子】

通过跟这些人接触，我常常发现他们喜欢用双重标准来定义自己的生活。看到以前的朋友日子过得好，常常会不由自主流露出羡慕嫉妒恨的表情，然后给那些人加上一个外在的标注，人家的专业学得好，自然就能进入厉害的企业。人家就业的时候是个小年，我就业的时候是个大年，当然不一样。

他们对别人是羡慕嫉妒恨，对自己是宽容安慰爱。说起别人总是一堆的这个"好运"那个"帮助"，然后说到自己的窘境就是，我天性只爱平淡过日子。

好像，装个风轻云淡的口吻就代表了自己拥有闲云野鹤的人生。

其实——是自己没本事吧？

之前我跟一些朋友就感慨过，追求安稳平淡的生活是一种方式，没有对错，但是依仗着这个理由任由自己懒惰堕落，那就是错。

可惜，这类人太多太多。

既羡慕别人当全职太太的安逸，可自己和老公支付不起当全职太太的费用，于是忍受着吃得差穿得破不出家门蓬头垢面当免费保姆。

既羡慕别人职场高调薪酬漂亮，可自己没有支撑职场荣耀的实力，于是忍受着三流小公司各种名目的抠门，周遭同事奇葩的行径，掩耳盗铃自我安慰地混日子。

既羡慕别人肌肤如雪发如青丝杨柳细腰够妖艳够销魂够魅惑，可自己没有吃苦挨饿减肥锻炼承担整容风险的勇气，于是将自己抛在小屋子里吃泡面看脑残剧邋里邋遢做白日梦。

真不知道这般的生活，怎么能忍受下来?

生活是自己和家人的，它与自己息息相关，你们怎能忍心看着它不断蒙尘，终而暗淡无光?

只有它们变得精彩和美丽，才能让你或者你们的生活更加幸福和快乐啊!

你有资格，过自己想过的日子

/ 老妖

人应该满足的，是自己最真实的期待，
而不是世人眼中的标准或者主流的价值观。

你选择的，往往正是你内心最想要的

我和元宝的相识很有意思。大二的时候，和小伙伴一起去向新生兜售电话卡，站在学校门口勾搭来往的新生，结果通通被无视！学弟学妹们也忒不给学姐面子了。

正焦躁着呢，见了个白白净净的小帅哥，我就直接两眼放光地扑了过去："帅哥，要办电话卡不？省得你跑老远去移动大厅哦，价格更便宜哟~走过路过不要错过哟~"

元宝很淡定地看了我一眼，然后就默默地掏了钱，成了我的第一个顾客。

于是他便常常打趣，他来大学认识的第一个人就是我，还是因为我跟他卖电话卡。

后来他又很巧合地加了我们的社团，很快我们就在一起吃饭吹牛中感觉到了彼此内心深处的逗逼本质，很快地勾搭在一起——吃饭喝酒吹牛。

元宝个子不矮，长得白净，又瘦，看起来像个小孩，我总是拿他当哥们，他总是叫我老徐。

元宝的理想是做一个导演，这孩子疯狂地迷恋电影，看起电影来很凶猛，我们的熟悉很大程度上是因为我看片的口味比较诡异，经常找些奇怪的片子来看（不是你们想得那种！），看完了之后觉得好，便推荐给他，于是，他隔一段时间就问我，最近有没有发掘什么好东西，问我要种子。

有段时间我对同性恋很感兴趣，找了很多这种题材的片子，然后兴致勃勃地给他推荐了《霜花店》《罗马的房子》等好多同类型的电影，于是过了一段时间他很困窘地告诉我，他看这种片子看多了，开始怀疑自己的性取向了，差点没把我给乐死，不怀好意地撺掇他赶紧出柜。

大学那会儿，我们是真的很要好，他和我，还有另外一个学长猪哥，总是腻在一起玩儿。

他们也从来不拿我当女生看，在一起喝酒吃饭唱歌说带色笑话，然后故作震惊地说：哎呀，你难道不是纯洁的小女生吗？怎么可以这么黄这么暴力？然后一起嘲笑我这辈子估计都没有嫁出去的希望了。

我们还曾经一起结伴去天堂寨旅游，在原始森林地到处走，对着大山狂吼乱叫，我比他们两个大男人爬得更起劲，还兴致勃勃要他们陪我坐空中索道，结果两人很没出息地都果断拒绝，被我嘲笑很久。

几个人无组织无纪律把身上的现金花得一干二净，连车费都没剩下，只好祈求大巴车的师傅带我们出山，然后到了县城找个银行门口放我们下去取钱，现在想起来都还觉得丢人。

那时候，是真的开心，可以肆无忌惮地谈天说话，互相打击和吐槽，无意识地在合肥的街头上乱走，干一些二逼哄哄却很有意思的事情。

那时候室友总是拿我们打趣，说你们关系那么好，干脆在一起相互凑合凑合得了。

吓得我们连连摇头，我说，我才不会喜欢这种毛孩子，他说，我才不会喜欢这种男人婆。

或许正因为知道彼此都不是对方喜欢的类型，便来往得更加坦荡，即使一起勾肩搭背出门逛街看电影也不会感觉别扭。

自从大二认识了之后，我们在一起打发了很多无聊的日子。

毕业的时候我留在了合肥，为找房子发愁。

刚好那时候元宝打算租房子准备考研，于是我便和他还有他同学以及他同学的女友，以及我同学，五个人租了一套房子。

都是小孩子，便过得很热闹，有时候大家会在一起做饭，我那时候炒菜炒得很糟糕，元宝总是说：老徐炒菜就是卖相不好，味道还是可以的。

我在家投简历，每天化好妆踩着高跟鞋出去面试，元宝在家看书复习准备考研，其他人都有工作。

没有面试的时候，往往就剩下我和元宝两人在家。

他在房里看书，我在房里不停地焦躁地刷网页投简历。

有时候他会来我房里说几句话，有时我会去他房里说几句话。互相抱怨几句，吐槽几句，或者八卦几句，然后他继续回去看书，我继续回去刷简历。

他那时候决定考研，而且是北影导演系。

刚认识的时候，这孩子就说自己喜欢电影，想要在以后成为一个导演。

他买了很多书来看，势在必得的样子。

有空的时候，我们在一起聊天，他跟我说他的导演梦想，说他想去北京，想自己有一天能够拍出好电影。他又很困惑，觉得自己能力不足，没有资本，怕自己目标太高。

他总是说：老徐，你觉得我几年能够考上北影导演系？

我说：你打算用几年考上？

他很坚决：不管了，我打算考两年，要是考不上的话，我就去北漂，从最低层开始混，总有一天能够混上导演的，好多导演都是混出来的啊，我觉得我也行。

我说：好啊，你下定决心就好。

在很多人眼中，元宝是个不现实的孩子，觉得他的理想太空太大，电影圈哪有那么好混，没钱没权没人脉，北影的研究生更不可能是多看几本书就能够考得上的。

可是我总是天真而乐观地觉得，人嘛，活得那么现实做什么，在年轻的时候，想做什么就去做好了，这世界任何事情其实就是不可预料的，或许有一天，真的就什么都能发生呢？

那时候的元宝同学，真正是信心满满，他心中那个关于电影，关于导演的梦想，似乎很遥远，又似乎很清晰。

那时候的我，满心想要留在合肥，后来终于在房地产网站找到了一份工作，每天埋头于网站新闻和网络专题。

我那时候的梦想很简单，不过是有一份能够养活自己的工作，能够在闲的时候写些东西就好。

可是谁知道后来，爸爸突然生病。在医院知道消息的时候，我手足无措地给元宝打电话，这孩子赶到医院的时候，我一个人坐在楼梯口哭得惊天动地，这孩子从没见过我哭过，都快吓傻了，只知道愣愣地看着我。

再后来，我仓促回家，连行李都拉在屋子里没有收拾，房租水电都没有交。后来知道是元宝帮我垫付了，而所有的行李，都是他同和我一屋的妹子帮我收拾，用快递给我寄了回去。后来我还是坚持还了他们钱，并且感激，作为朋友，那时候，他们给我的些微关怀。

后来，我留在了家里工作。很长时间自闭得厉害，不愿意跟任何人联系。

等我终于恢复正常，重新变回那个充满逗逼气质的中二病患者的时候，才开始和元宝重新联系。

那时候已经是第二年了，我才知道，他并没有去考研，而是有了女友，已经开始工作。

我们偶尔在QQ上聊天，互相报告近况。

他说：找了一个女朋友。

他说：要对女朋友负责，考研太不现实了。

有时候他也很困惑，说自己跟女朋友商量，还是想去北京闯荡个一两年，看能不能有机会混进电影圈。

我说：很难，你要考虑清楚？你女朋友支持你吗？

他说：她倒是随我，我考虑考虑。

我便打趣：哎呀，你这孩子真有福，找了个好姑娘做女朋友啊。

他说：那是因为我自己本来就是好男人好嘛！

过了些日子，他又来告诉我：不打算去北京了，打算回到家乡工作。

我说：为什么呢？你不是一直想去北漂吗？

他很郑重：女孩子跟了我，总不能让她跟我一起吃苦，在家里的日子虽然平淡，但至少能够让她过得舒服一点。

元宝的家境还算小康，若是他选择回家，自然是会有份舒坦的工作，吃喝都有父母照管不需操心，连未来的婚房爸妈都早已为他准备好。

他说：我要对人家负责啊。

我便笑：你这个小孩子啥时候变这么成熟了啊？

他很严肃反驳：我一直都很成熟啊，是你总是拿我当作小孩子。

仔细想想也确实是，我一直拿他当小弟弟，总以为他还没有长大，却没有料到，原来当初那个小孩子，已经在不知不觉中长成靠谱好男人了。

他有时候也会劝我，找个合适的人嫁了。

我说：我不想。

他便笑：你是不是心里还放不下动漫社的那个谁谁谁啊？

我也笑：滚蛋，才不是！

他问：那为什么？

我说：我也不知道，我只是觉得，我想要的，不只是这样。

他说：哪样啊？

我说：就是在家待着，然后找人结婚生孩子，上班，带孩子，这样。

他笑：这样的生活也很好啊，我以后就是那样子。我现在觉得家人在一起过得简单快乐就好了。

我想了想说：可能我突然发现，我想要的东西更多，而家里并不能满足我。其实我并不确定自己想要做什么，只是想要出去看一看，去尝试尝试很多自己感兴趣的东西，看看自己究竟拥有多少潜能。

他说：你野心那么大啊？

我说：是啊，你看，我们现在刚好换了个角色。

所以后来，我决定来北京。

发了状态之后，他赶紧来问我，是不是真的。

我还是一副死不正经的样子跟他得瑟：是呀是呀，姐姐要去北漂了诶，有没有很酷。

他继续问：工作找到了吗？

我说：找到了呀。

他：哪儿找的呀？

我：豆瓣上有人约我的。

他：房子呢？

我：没呢，我看看，先去朋友那儿住住，到时候再找。

他：什么朋友？同学吗？

我：豆瓣上认识的网友。

他：工资多少？

我：不知道呢，反正刚入行，没多少吧，不过应该不会饿死啦。

他：……就这样，你就敢去北京？

我：是呀，为什么不敢啊，我想去啊。

他：你就不怕被人骗了？

我大笑：谁骗我干吗啊？再说了，哪有那么多坏人！

（特别提示：其他人切不可随便模仿！出门在外还是小心点好！）

他对我彻底无语，只好絮絮叨叨地关照我：在外面要小心啊，不要总是那么二啊，不要总是说话那么直不过脑子啊，要聪明一点啊，要照顾好自己啊，不要随便相信别人，小心一点啊……

于是我就这样，拖着个大箱子，下了火车就奔着一个从未见过的友邻家里住了，然后顺理成章地跟她合租了，居然还很幸运地相处得不错，第二天坐着地铁见到了招我来的同样没见过的师傅大人，就这么开始上班了。

我有时候发的状态，说自己在北京见到了谁，干了什么事儿。

他总是认真地回复：真羡慕你啊，好棒，要好好干，加油啊。

有时候偶尔说起自己的辛苦，又做错事说错话，跟他抱怨又得罪人了还不自知，他也会劝我几句。

我想，他的心中，或许仍然有遗憾，自己没有能够来北京吧。

来北漂一直是他大学期间的梦想，而最后，却让我不经意间实现了，他便格外地关心我在北京过得如何，他也是真心希望我能够过得好，能够去经历一些他没有机会去经历的精彩。

上个月，猪哥突然发了自己的结婚照，然后邀请我参加6月底的婚礼。

元宝来问我会不会出席。

我说：抱歉啊，最近太忙了，又太远，周末实在赶不及。

元宝说：那我又见不到你了啊，我们真的很久没见过了。

我说：是啊。真的很想见见你和猪哥。

自从那个夏天我匆忙离开合肥，至今快两年了，我们都没再见过面。

又互相聊起近况。

说起我在北京的生活，我说还不错啊，目前来说，可能有些小麻烦，但总体而言还算很好啦。

于是便开始感叹，说起来真是奇怪，当初我从未想过来到北京，而他一直心心念念来北京混电影圈。可是最后的结果却是，我一个人来到了北京开始混出版圈，而他却留在了家里做一份安稳踏实的工作。

很长时间里，我都是个没有什么想法的人，觉得日子过得去就好，总是一副对什么都不上心无所谓吊儿郎当的样子，而他却永远野心勃勃，喜欢描绘自己关于未来的种种幻想，曾经也坚定执着地想要独自闯荡一番。

但是最后，我们都与最初的设定南辕北辙。

他说：我今年也要订婚了，估计以后就留在家里照顾父母了。

我问：你过得怎么样啊？

他：虽然和想象中不一样，但是也挺好。

那一刻，我突然间明白过来。

其实，一个人所做的任何选择，都是自己内心最想要的东西。

如同元宝，对他而言，梦想固然重要，但是与女友以及父母相比，他还是选择了后者。他当然可以抛弃所有，独自一人来到北京闯荡，开始为了自己的梦想去奋斗去拼搏，或许真的有一天，他能够获得成功。

可是如果那样的话，便意味着要放弃爱情，他并不敢保证，自己有能力给在巨大的北京城里给女友一份安定的生活，便意味着要让已经年迈的父母为自己担心害怕，要让他们永远在空荡荡的屋子里等待自己一年或许只有一次的归来。

很多人总是理直气壮地说：人的一生只有一次，应该尽可能地去活得精彩而漂亮，为了自己的梦想而努力拼搏，而不应该困顿在父母身边，过一份重复而没有意义的日子。

——可是，谁说那种在小城市里过得踏实富足的生活，可以同父母妻子儿女相伴，每天悠然自得，即使赚钱不多，生活单调却平静满足的生活一定没有意义呢？

生活本来就有很多种样子，谁都没有资格去妄自评判谁的好一点，谁的坏一点不是吗？

并不是每个人都一定要为一个梦想而活，也并不是每个人所追求的东西都一定在远方才能获得。

即使你在大城市里为了所谓的梦想而打拼，也没有资格嘲笑那些留在父母身边的小伙伴们。

他们选择留下，并不是因为懦弱或者不够坚定，他们也曾经有过对未来的期许，只是与自己的那些曾经有过的梦想相比，他们心里更在乎的，是能够同家人同自己的爱人朝夕相处，能够时时刻刻陪在他们身边——对他们而言，这些才是最重要的。

所以，谁都没有资格去嘲笑谁，谁也没有必要去羡慕谁。

无论是否是你主动选择留在了家乡，即使有些无奈，被亲情和爱情所羁绊了，可是，那是一种甜蜜的羁绊，不是吗？

或者你选择了在异乡拼搏，远离家人，独自一人生活工作，在寻找爱情的路上磕磕绊绊，可是，那也是你自己愿意承受的结果，不是吗？

我先前总是以为，我们走的路，有时候只不过是巧合，后来才发现，这世界上根本就没有偶然，所有事情的发生都有一定的因果。

元宝和我，看似在不经意间调换了生活方向，而实际上，关于我们对如今生活的选择，其实很早就能够寻觅到踪迹。

比如我们在一起玩儿的时候，我总是看似一副无所谓的态度，而实际上一旦做了决定，就会直接向前横冲直撞，而元宝却总是考虑了又考虑，谨慎了又谨慎。

如同那次我们一起去天堂寨爬山，我看着凌空的高空索道，兴奋得整张脸都通红，而元宝却死都不肯上去。

我喜欢冒险，喜欢尝试新的东西，不觉得失败是件可怕的事情，而元宝，却喜欢做安全的能够掌握住的事情。

他家境富足，父母对他呵护倍至，而我，却差不多算是没有多少牵挂，我对家没有依恋，自然不会因为家人留下，我也没有一个让我愿意为他留下的人。

我想，即使是有机会重新选择，元宝也依然不会后悔，对他而言，如今的生活虽然多少有些遗憾，但仍然是快乐并且满足的。他会有很幸福的家庭，会成为一个好男人，一个好丈夫，还会在未来成为一个好父亲。因为他当初的选择，并不是出于被逼无奈，而是他自己明白，自己更割舍不下的，其实是这些温暖和爱。

或许，在未来的某一天，他会告诉他的儿子，你爸爸啊，以前还想着或许能成为电影导演呢！

而我，现在在北京，也依然不会后悔我的选择。即使在北京，我有了一点小麻烦，我依然很迷茫，困惑自己未来的路要怎么走，我觉得很焦躁，感觉自己什么都不会，觉得时间不够用，自己很差劲，什么都做不好。

可是我相信，我能够将这些问题一一解决，因为在来到北京之后，我也终于渐渐明白，我内心想要的，是关于一个很遥远，很艰辛的梦想，我知道我需要付出很多努力才能靠近它，可是，我依然无比笃定自己能够在未来的某一天，真的走到它的面前。

愿我们每个人，都能够拥有自己想要的生活。

人应该满足的，是自己最真实的期待，而不是世人眼中的标准或者主流的价值观。

而最难得，其实不是如何去选择，而是你是否真正知道，属于你内心的，真正想要的东西是什么？

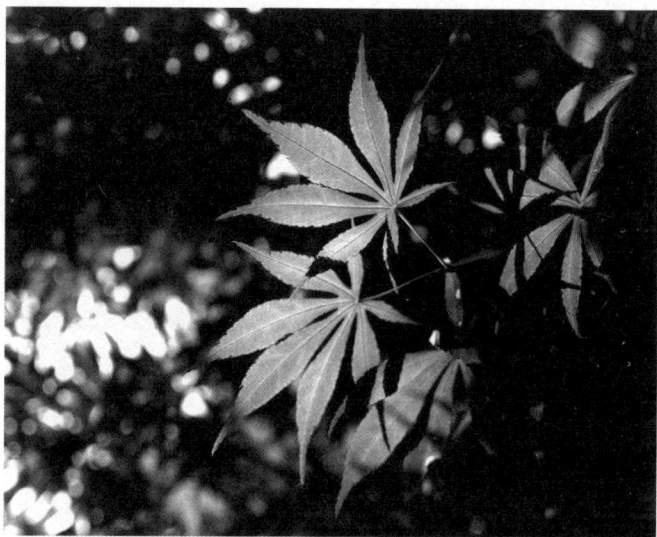

请你相信，我一定会长成，不会让你担心的样子

亲爱的你：

你知道吗？今天我很开心，早上睡了个懒觉起来，去菜市场买菜，回来洗好衣服，下午出去和作者见面聊天，然后顺利签约，回来的时候，去商场给自己买了喜欢的裙子和高跟鞋，晚饭第一次尝试做干煸四季豆，居然还不错，一个人吃完了整整一盘菜，外加两碗米饭。

你看，我一个人，也可以照顾好自己。

你看，2014年生日的前一天，我在北京，工作和生活都还不错。

你看，我终于长成了不会让你担心的样子。

2012年的9月，你离开我，到现在，已经有20个月了。

我记得，在你走之前的前两天，你因为浑身疼痛，需要有人陪在身边替你捶背，我和弟弟还有表哥轮流着坐在你的床头捶。我终于累极，蜷缩在床头睡去，迷迷糊糊间，听到你跟表哥说，我家丫头，这么老实，以后要吃苦的，以后没有人照顾她了，可怎么好？

你走之前，反复地跟我说过很多次，你要找个好人家嫁了，要学会照顾自己。

在你的眼中，我真的是个坏丫头呢，又不好看，又脾气坏，又只会乱花钱，又没有多大本事，又不会说话，又总是丢三落四是个冒失鬼，长到这么大，连饭都没煮过几次。受了委屈也只知道倔强闹脾气，宁可独自躲着掉眼泪也不会解释和妥协。

你说，你这样，叫我怎么放心？

是啊，我是你疼的姑娘，是被你惯出了一身的坏毛病和臭脾气的姑娘，即使在你心情最糟糕的时候，你也从没有放弃过我，在你和我又是吵又是闹的时候，你也总是对我一副无可奈何的样子。

我总是以为，我会和你一直争吵下去，到你老的时候，到我嫁人了有了自己的小孩，还是会和你因为一点点事吵下去，然后看着你对我摇头叹气，直到我赢了为止。

我是多么娇纵的一姑娘啊，脾气坏，又任性，不懂得体谅别人，在我生命的最初22年里，你还真是把我给惯坏了呢。

只是那时候，我总是无所顾忌，以为，以为你会永远惯着我，纵容着我，不会怪我不会做饭，不会管我脾气不好。

我以为，你会一直在。

我从没有想过，你会突然离开我。

我看着你在我面前因为疼痛整个人缩成小小一团，看着你一天天消瘦，瘦成一把骨头，却在最后的那几天里，整个人全部浮肿，走之后，肿得连我们给你准备的衣服都穿不下。我亲爱的你啊，你一辈子只知道节俭赚钱给妻子儿女，这套西装，是你最好的一套衣服。我看着你在我面前咽气，我看着你被推进炉子，我亲手把你的一块块骨头装进小小的木头盒子，然后捧着它，将你带回家，我把你的骨头埋在我们家菜园子里最上方，站在那里正好可以见到我们家的屋顶。

他们后来问我，有没有梦见过你。

我说，没有啊。

他们奇怪，你这个丫头，真是没有良心呢，你爸那么疼你，居然都不会梦见他。

是的呢，两年了，你竟然，一次都没有进来过我梦里。

你知道吗？这两年，我真的长进了不少呢。

在这两年里，我终于不再总是跟妈妈吵架。

我终于不再像以前一样，总是那么娇纵任性。

我找了工作，拿了薪水，有时候会给妈妈买衣服和鞋子。

我有空的时候，会回家看奶奶，会陪着奶奶聊天，给奶奶买好吃的，给奶奶做饭，给奶奶剪指甲。

啊，你肯定难以相信，我现在做饭做得可好了，不管在哪里，都不会让自己饿肚子了。我会做红烧肉，小鸡烧毛豆，红烧鱼，鱼头豆腐汤，酸菜鱼，会做很多很多我爱吃的小菜。我不会像以前那么挑食，不再像以前一样一点辣都不吃。

只是，我到底是没有听你的话，去找个老实本分的人嫁了，然后安安分分地过日子。

我想，你肯定原谅我啦。

你家的姑娘，真的不适合安安分分过日子呢。

你家的姑娘，其实是个稍微有一些野心的姑娘。

她想去一个大点的地方，她想做一些自己喜欢的事情，她想遇见一个自己真心喜欢也喜欢她的人。

所以啊，在今年的4月，她拖着箱子直接跑北京了。

如果，你还在，你恐怕会很担心吧？

那么路痴的，那么不会说话也不会看人眼色，经常不是丢钱包就是丢手机丢钥匙的姑娘，在北京这样大的地方，要怎么活下去呢？

你肯定会每天都打个电话问一问，肯定会很焦急，怕我钱不够用，肯定会说，哎呀，回家吧，又不指望你养家，要去外面受那个罪做什么？

如果，你还在，我恐怕会在你面前抱怨很多吧。

北京的空气很差啊，水质很差啊，水果很贵的。

我又干错事挨骂了啊，我怎么这么不靠谱呢？

我会打电话给你，然后开始委屈地掉眼泪吧？

可是，你不在了呢，可是，再也没有人让我可以依赖，可以无休止地抱怨和委屈了呢；再也没有人总是怕我钱不够用，一边骂我一边给我打钱；再也没有人，会跟我吵完架还巴巴地给我打电话问我好不好了呢，再也没有人，像你一样，宁愿自己受委屈也要把最好的留给我……

所以啊，我要努力一点，再努力一点，早一点，再早一点，长成那个让你放心的姑娘啊。

你看，我很幸运呢。

来北京之前，就找好了工作和房子。

我的领导和同事们都很好相处，没有人为难我，老板也很大方，才过了一个月就给我转正了呢。

才一个多月，我就签约了两个作者呢，她们都是很好的姑娘，愿意相信我。我编辑的第一本书也就要出来了。你看，我是不是，很厉害呢？

我的室友也很好哦，她跟我一个样，神经很粗很大条，你不用担心别人会嫌弃我太二，感觉跟我相处太恐怖了。

我还认识了很多朋友哦，有很帅的男神，很温柔的女神，以及很多很好很厉害的人呢，我没有总是闹脾气招人讨厌呢。

我真的是幸运哦，即使一个人在北京，也没有感觉很孤单，即使刚刚开始工作，也有很多人愿意帮助我，给我很多指教和点拨，即使还是总是一不小心就说错话做错事，也总是会得到原谅，不过，我会继续努力，让自己靠谱一点。

记得，以前，你总是很担心，我们家这丫头，除了看书写字，什么事都不会干，以后要怎么养活自己。

你看，现在我还是只会看书写字，只是，我也可以靠这个养活自己哦。虽然不会赚很多很多钱，但是不会让自己饿肚子，不会让自己没有钱买好看的衣服和鞋子啦。

　　在你离开我的这20个月里，我一直没有放弃，一直在很努力地，让自己慢慢变得靠谱起来。虽然还是会磕磕碰碰，虽然还是会出些小状况，但是，真的真的比以前靠谱多了呢。

　　我想，如果看到现在我的样子，你会大吃一惊吧。

　　你看，你家的姑娘，其实很有潜力呢。

　　也许，在北京，我会一直是个很普通很普通的人。

　　也许，我永远不会赚很多很多钱，也不会成为一个有名有地位的人。

　　但是，像这样，做自己喜欢的事情，总是接触一些很优秀的能够给我带来惊喜的人，我已经很满足了呢。

　　你放心啦，我会越来越好的，也许，有一天，我真的，会叫你刮目相看哦。

　　或许，到了那一天的时候，你会来到我的梦里，给我一个大大的拥抱。

　　告诉我，我最亲爱的姑娘，你总算是叫人放心了呢。

　　我最亲爱的爸爸啊，我会继续努力的，会好好做自己的工作，会长成一个靠谱的，能够叫人信得过的，低调的，内敛的，温和的，发着光的，有眼光有实力的人。

会懂得怎么去对人好，懂得怎么爱别人，会有人来爱我，会有人和我一起，走完剩下的许许多多平凡而普通的日子。

会有很多朋友，给我拥抱和鼓励，会有一个爱人，给我牵手和亲吻。

亲爱的你，我最亲爱的你。请你一定要相信我啊，我一定会长成，不会让你担心的样子。

一定一定会，长成一个你眼中，最好的，最美的，最棒的，值得让你骄傲的姑娘。

亲爱的爸爸，我很想念你。

亲爱的爸爸，我一定会努力不掉眼泪，骄傲地，微笑着，在这个陌生的城市，好好地走下去，请你放心哦，我会照顾好自己。

祝我生日快乐，长大一岁的自己，要变得更好哦。

如果不是靓女，是否有资格过自己想要的生活

这几日陆续看到几篇文章，一篇是说丑女的优点，意思是丑女要求低好哄，成本低体贴贤惠，没有多少追求，比那些麻烦的美女们省事儿多了。简言之，丑女们不用自卑，只要愿意为男人做牛做马，甚至不需要多少物质基础，总会有男人愿意来娶你的——做女人做到这个地步，何其可悲。

又有另外一篇文章，是说张曼玉在草莓音乐节上的打酱油，标题叫作《你是靓女，有资格过自己想要的生活》，张曼玉长得漂亮，她是女神，所以她可以在音乐节上玩票，唱走调了也没有关系，可以跟观众撒娇：希望你们可以给我20次机会。她是靓女，所以想演电影就演电影，不想演电影就去唱歌，反正有大把的观众看在她颜值的份上愿意为她买单。

前几日因为那篇谈论前任的文章受到很多人的关注，很多人给我留言，有人在下面回：不过是因为你不漂亮，只有漂亮的姑娘才有资格有性格，丑女没有挑剔的资格。

因为自己不是靓女，从小到大，一直心知肚明，自己得不到来自男生的更多关注和照顾。

初中的时候，受欢迎的永远是班上长得漂亮的那些女生，每晚下了自习，总有不同的男生等着她们一起走，愿意给她们买小零食。

只是那时候我懵懂无知，只以为自己性格太过大大咧咧，因此同男生的关系都不大好，后来才知道，不过是因为自己不是靓女而已。

高中的时候，上台竞选班干部，受到后排男生的嘘声，长成这样也好意思竞选班干？

第一次受到此等待遇的我，委屈的泪水在眼眶中转了又转。整整一个高一，都在沉默与自卑中度过，埋头写题背书，不愿意同人有过多的接触。及至后来，转到了文科班，才摆脱了那种时时刻刻觉得有男生用嫌恶的眼神看着我的幻觉。（其实，我没有丑成那个样子！我只是使用了夸张的修辞手法！你们不要因为我太丑就把我拉黑了！~~~~(>_<)~~~~)

到了后来，因为自己不是靓女，一直追求者寥寥，20来岁谈过的恋爱，最终分手，无一不是因为觉得对方不够在乎我，各种闹各种歇斯底里，直闹到两人都觉得当初在一起，真是脑子坏掉了！

到了尘埃落定，爱过我的那些人，我爱过的那些人，都已经渐渐消失在自己的生活里。而当初那个又不爱打扮又傲娇又任性又爱撒娇的自己，终于可以比较淡定地选择一个人努力地朝前走的时候，才终于明白，其实，自己一直以来，不过是被青春里猝不及防的那些小事给吓到了而已。

在这个一切都是看脸的年代，生得一副好皮囊，确实能够为自己谋得很多福利。略过那些天生靠一张脸吃饭的演员、小三或者其他人不说，即使是在普通的生活和工作中，若是生得好看，往往有更多的便利之处。

谁都喜欢看靓男靓女，谁都喜欢同靓男靓女在一起愉快地玩耍，甚至走在满是陌生人的大街上，一个靓男或者靓女，也会收到更多的来自路人的善意和笑脸。

尤其对于女人来说，相貌的好与坏，似乎更具有改变命运的神奇功效。

多少人眼红，有人凭借一副好样貌，嫁入豪门，从此过上了不知人间烟火的优渥生活，又有多少职场白骨精，凭借一副好样貌力压群雄，一步步爬至高层，坐拥大牌衣物与包包。

于是便总有人说，看她是靓女，所以生活得好理所当然，看她是靓女，所以才可以有那么多人宠爱，那么多捷径，似乎别人的一切都是白白得来的。

其实不是这样，多少年轻时新鲜水嫩的大美人到老却是晚景凄凉，生得美，是比普通人拥有更多的机会，但若是想要真正经营好自己的人生，则需要更多的智慧和情商。

那是属于靓女的故事，若是能够写出来，定是极为精彩的一部小说，随手翻阅亦舒，或许可以窥得一二。

那么，如果不是靓女呢？是不是，就真的没有资格拥有想要的人生，没有资格去拥抱自己想要的生活了呢？

我们总爱为自己找太多的借口，似乎将所有的过错推给别人，便可以让自己继续心安理得地无所事事，糊涂度日。

没有考到好成绩，是试卷太难，是考试时候精神状态不好。

没有找到好工作，是因为自己不是名校毕业，是因为家里无钱无权。

没有找到理想的男女朋友，是因为自己家境不好，对方太过势利，是因为自己长得丑，对方过于虚荣。

其实，说到底，还不是因为你自己不够好，不够努力，不够优秀而已。

无论是工作、生活还是感情，长相确实是所有条件中都占重要比例的一个评价标准，并且因工作性质以及个人喜好在每个人心目中的重要程度各有不同，但这些永远只是一部分，而不是全部。

若这个世界真的这么简单，可以凭借相貌就分出胜负，那也未免太过清净了一些，就不会有那么多勾心斗角以及恩怨情仇发生了。

你爱的那个人，不爱你，或许确实是因为你不是靓女，但是，其实更多的，还是因为，你既不是靓女，又不够可爱而已。

做一个讨人喜欢的女孩子，不是要你把自己伪装成绿茶或者小白兔，而是让你懂得好好打理自己，让自己看起来清爽干净，穿着得体，知道该在什么场合说什么话，晓得分寸，懂得进退，让你学会站在别人的角度上去思考问题，然后根据自己的需求去掌握平衡。

你要善待你的家人和朋友，他们是你永远的后盾。你应当有你自己的圈子，有你自己在难过的时候想要栖息的地方，发疯的时候不用担心失了形象的那个朋友。

你要善待你的工作。做好自己该做的事，清楚自己未来要走的方向，在deadline（最后期限）之前将自己所有的工作处理得干净而又漂亮，要一直保持进步，不论是薪水职位还是眼界思维，都得时刻保持自己独特的不可替代性，不会没干两年就被后浪拍死在了沙滩上。

你要有你感兴趣的东西，想要去学习的东西，想要做的事，想要去的地方。你真心热爱它们，并且能够从中得到莫大的乐趣，它们让你感到满足，它们可以让你在承受种种压力的时候放松下来。

懂得松弛有度，你的生活才不会一直那么苦逼，才可以积蓄更多的能量为了你想要的去奋斗，去争取。

记得当时年少，看金庸的《飞狐外传》，为程灵素愤愤不平，她那么聪明那么好，胡斐仍然不爱她，不过是因为她不漂亮而已。

是的，即使是现在，男人们在选择伴侣的时候或许永远会把靓女当作最佳选择，别说男人了，就算是你我，若是吴彦祖和小沈阳同时跟你表白，你也会二话不说投奔到吴彦祖的怀抱，哪怕吴彦祖是个花心大少对你不冷不热，哪怕小沈阳深情如许对你百依百顺——所以，别再动不动就抱怨，为什么你的男神宁愿要那个又娇气又矫情的，却不肯和温柔贤惠大方朴实的你在一起了，无论男女，大多数人，就是这么"颜控"。

只是，其实这些和你都没有关系，因为，无论你是不是靓女，你生活的本质，都不是为了获取任何一个男人的欢心，更不是为了嫁一个自己并不中意只是为了避免沦为"剩女"，为自己谋得一席生存之地的男人。

如果你不是个靓女，你要清楚，很多时候，你没有办法把自己的相貌当作武器去厮杀，没有办法仗着自己长得好看所以犯一点小错或许可以被原谅，没有办法因为自己貌美如花就可以全指望男人去挣钱养家，没有办法靠一个撒娇一个装傻甚至一个媚眼就让男人们帮你解决一些你没办法解决的问题……

可是除了这些，其他也并没有什么不同。

工作上，长得好看或许给人的第一印象更好，但若真的干起活儿来，还是得看你各个方面的能力。

生活上，你去菜市场买菜不会因为你不是靓女大妈就多问你要三毛钱，你在大马路上找人问路，也不会因为你不是靓女，就没人搭理你。

感情上，不是靓女的话，追你的人或许没那么多，没那么殷勤，在质量上或许也没人女神那样被男神排着队等着——但这些，其实都很公平。

即使不是靓女，也可以正常看书写字买菜做饭，正常上班下班恋爱滚床单，而你想要的那些，无论是感情还是生活，其实都与你自身的各种符合，你是什么样的人，你站在什么样的高度，你遇见的，往往都是和你自身的资质和能力相符合的。

如果你说，我想要更好的，那么，或许你要比靓女们付出更多，但是，等到你披荆斩棘，千里迢迢跋涉至你想要的那处风景时，你会发现，其实，自己辛苦得来的，更加的踏实和安定。

如果不是靓女，你当然也可以拥有你自己的生活，如果你足够优秀，足够可爱，幽默，风趣或者是温柔，或者是泼辣，个性，或者是善良，懂事……不论是哪一款，你都会拥有属于你自己值得的那个人，属于你自己应得的那份精彩。

无论你是不是靓女，我都希望你可以一直平和淡然，不自卑，不慌张，不焦躁，慢慢地，踏实地，一步步走向你想要的终点。

独立，然后美丽

/ 王逅逅

没有什么是"独立"，或者"不独立"，我们都在成长成那个我们想变成的女性，只是时间问题而已。

我们为什么急着长大？

当你年轻的时候，你整个的生活都是关于寻欢作乐，然后，你长大，学着小心翼翼，你可能摔断一根骨头，也可能让他人心碎；你会在你跳跃之前张望，或者干脆不跳跃，因为没有人总是在那里接着你，生活没有安全网。什么时候生活开始变得不好玩，而令人害怕的呢？

——《欲望都市》

当我打下手头这段话的时候，我刚刚从床上爬起来。这是下午两点，我又睡了一个两个小时的午觉。在午觉前，我重温了《欲望都市》第二季，在看这个之前，我去上了课，吃了早饭。

在每次睡完午觉之后我都会有一种负疚感——我怎么就又睡了三个小时？但是我知道，很快的，我会连这三个小时都没有了。假期上班的时候，我得泡很多的茶，才能够阻止眼皮沉沉地落下来，当我晚上回家，我站在拥挤的地铁中，仿佛没有一根主心骨，全身都是软绵绵的肉，跟随着地铁的动作而晃动。

二十多岁，到底应该干什么？可能是很多人都在想的一个问题。当我在上高中的时候，我特别愿意进入那个"二十多岁"人的圈子，因为他们于我而言，既有自己的职业又不那么严肃；穿梭于中高档的餐厅而不是珍珠奶茶店，并且开始了一种叫作"夜生活"的东西，可以在酒吧和夜店和朋友畅饮到天明。像是那种经典好莱坞电影的场景，世界仿佛就是给二十多岁的人而创造的。青少年幻想进入"二十多岁"这个群体，三十多岁的人希望回到这个群体，而四五十岁的人则从自己的孩子身上重温那段时光。那十年像是一个魔幻乐园，大家都很迷失，但是那却像是最好的时光。

可是在这迷失中，向前看的惯性总是在主宰着我们。这个夏天跟发小聊天压马路的时候，她总结出这句话："咱们在上初中，高中的时候，一切都有个盼头。比如我在上初中的时候就想着上高中要留个长头发，要买双粉色耐克鞋，要交个男朋友。上了高中以后觉得要考个好大学，要学会化妆，要找个男朋友。但是现在，我实在不知道自己以后想做什么。既没有大方向，也没有细节了。"在这个奇妙的时段，每个人仿佛都在做着不同的事情，而你也无法把自己与任何人相比。但是还是有一些动作很快的人，他们一出大学校门就马上找到了好的工作，然后立马走上了那条流水线，一步一步往上升。然后他们找到了好的男（女）朋友，之后就结婚了。一切都从"我"变成了"我们"，他们是那些尽早逃离"20多岁"小组的人，而大部分的我们还在原地打转。

在国内的时候，我深深感觉到大家这种急切的脚步，想要追上那些买车买房结婚的人。但是回到美国，我又觉得大多数人想要停留在这种迷失却又有理由迷失的阶段。何必那么急着长大呢？再次引用《欲望都市》里的句子：享受生活吧。这是你20多岁该干的事情。30多岁才是你吸取教训的时候，而40多岁则是你给别人付钱的时候。

来美国以后深感美国人的"不成熟"，我想很多留学生也都有同感。我从大一的时候就开始疑惑，为什么学校的派对总是一个模式——就是每个人都喝得神志不清然后在一个漆黑的地下室里群魔乱舞？为什么每年都有三天的festival（节日），学校草坪上堆满了充气玩具和蹦蹦床，让一群喝醉了的学生在上边跳啊跳？而我的那些毕业了的美国同学，我也丝毫没有感觉到他们成熟了，长大了。该辞职的辞职，还是跟大学一样，结伴去旅行，结伴去国外教英语。到了三十多岁，女人们还会声称自己还年轻美丽，"single and fabulous"（单身且很精彩）。

可是问题就在于，当我们的步伐与同龄人的步伐不一致的时候，享受生活也许是一件难事儿。就像是周六晚上的酒吧街，你的朋友们都打车回家了，而你在享受自由的时候却也意识到自己和朋友的距离。那种孤身一人的感觉的确很不好受。就像我在美国大学里，当大家都喝得烂醉大声唱歌在吧台上跳舞在路边撒尿的时候，我想的却是到城里一个安静一点的酒吧去，和真正的"young professionals"（年轻的专业人士）一起"成熟地"享受这个晚上。那个时候的感觉则是：我太成熟了？我也许应该停下来，等等我的同龄人？

年轻是最大的资本。有些人拿这些资本对未来做投资，这样在30多岁便可以过上轻松愉快的日子，但是对于有些人而言，20多岁是穿上一条牛仔裤便能够光彩照人的时候，为什么要拿这美妙的10年来给一个"心有余而力不足"的未来添彩呢？

一个独立的女性

我的美国朋友O，是一个非常独立的女孩。她走路如风，总是戴着大的耳机，脚踏登山靴，独来独往。她非常有想法，也很有行动力，政治学专业的她，总是去各种游行集会为少数族裔的权益呼吁。

她做事果断，从不依赖别人，在课上她总是发言最积极的。她身边总是有很多羡慕她的女孩子——瞧！她是多么独立！

但是O有个秘密。她和男生A来往，A有女朋友。O一直想终结这段感情，但是又被迷人的A所吸引，并且掷地有声地跟我说：我们没有感情，只是上床！我们的关系是互补的，我们各取所需，我与他毫无情感瓜葛。

可是O，作为一个二十多岁的女孩子，一直都在忙学校活动和各种社会活动，对于A的英俊外表和甜言蜜语却毫无抵抗力。这段"外遇"就这么断断续续地持续了半年，忽然有一天晚上，她红着眼睛出现在我面前，然后说：

"Gogo，周三的时候，他半夜两点来到我的房间，连门都没敲就进来了，然后把我推醒，要和我上床。我说不，他就一直软磨硬泡，我继续说不，他就说如果我不同意他就不会走……所以我跟他上床了。但是我是被逼的。"

"为什么我这么软弱？为什么我不能拒绝他？为什么我一点抵抗力都没有？完事以后，他马上就睡着了，我们连话都没说。我感觉我就像是个供他发泄欲望的工具，随叫随到。这一次我真的有种被性骚扰的感觉——我完全是被逼的。但是让我觉得最痛苦的是，我现在在这里，感觉自己一文不值的时候，他却在学校里参加派对，若无其事……"

"我的朋友让我去Women's Center（妇女之友）做治疗，但是我不能……我自己有错，我为什么要跟他在一起？我为什么与他藕断丝连？为什么？是不是全都是我自己的错？但是为什么他可以做任何他想做的事而不被惩罚？为什么，我最终还是那个软弱的女人？"

她在我面前哭得昏天黑地，我从来没有见过这个女孩子这个样子，我见到的她，从来都是不在乎别人眼光的她，努力学习，努力去为别人争取权益的她。大家都觉得她是独立女性的典范，但是一个独立的女性，标准到底是什么呢？

难道是完全有男人一样的想法吗？《欲望都市》中的萨曼莎即如此。她是个女强人，对于男人不想要感情只想要性，在纽约过着风花雪月的生活。但是同时男人又不会看低她，因为她有那么一种态度——女性的柔媚，却有着男性的果敢。即使是在谈判的时候，她都穿着大红色低胸装出席，既幽默，又句句说到点子上，让所有人都佩服。比起其他女人，她很少有脆弱的时候，因为她像男人一样思考，在她遇到难题的时候，她不会去钻牛角尖，而是马上转移去做另一件事情，并用幽默来化解它。但即使是在纽约这般包容的大都市中，萨曼莎都是非常少见的个例，并且不被大多数人接受。

又或者，是有着大部分女性多愁善感的天性，但是在关键时刻显示出坚韧和担当的女人吗？就像很多单身母亲，被生活逼着开始学习独立，但又保持了母性。或者，是完全注重事业的女性？她们看上去什么都不在乎。如果不在乎，是不是就会减轻痛苦？

或者是那些把全部时间都用在自我提高上的女人，她们的心里不用装太多别人，所以也没有多少纠葛？还是那些努力的"杜拉拉"，一步一步往上走，越自私，越满足？

我们总是在电影和小说中看到我们想要成为的那个女性形象，我们想用我们的脆弱去换取她们的脆弱，然后获得她们的坚强。

但是，到底什么样才算得上是一个真正独立的女性，我也不知道。

关于O小姐，故事的结局是这样的。

我知道大家想看到 O 小姐昂首挺胸地走到 A 面前，然后说："你对我而言一文不值。"但是这个电影里的场景在现实生活中没有发生。现实是，O 小姐是个和我们都一样的女孩儿，她趴在床上哭，她坐在地上哭，她呆呆地望着窗外凋零的树，觉得自己什么都不是。她开始恨自己的身体，不想出去见人。就这样持续了两三天，她没去上课，也没怎么吃饭。直到那个周末，我拉她去城里吃晚饭，她喝醉了，然后看着我，说："我觉得我就是这么被自己毁了的。"

我说不，这次完全是他的错，你完全不应该责怪自己。

把O送回宿舍以后，我直接去了A的宿舍，他们一帮男生在喝酒打Beer

Pong（美国大学中流行的喝酒游戏）。我说："A你给我出来。现在。"

A看到我脸色不对，慌慌张张跟我出来，我们站到宿舍后面。

我看到他迷茫的脸，怒火中烧。他完全不知道自己干了什么，他也完全没有想到这会对O造成那么大的伤害。他不断地辩解，说他敲了门，说他问了她想怎么样，说他只是想和她说说话。他还求我，不要说话大声，怕别人听见。

我摇摇头："我知道你有两个妹妹，来，你告诉我，如果有人这样对待你的妹妹，你会怎么样？"

A忽然就崩溃了，他捂着脑袋，蹲在地上，哭得一塌糊涂。

"我之所以在这里好好跟你说话是因为O不愿意让别人知道这件事，不然我早告诉学校了。你不要在这里跟我掩饰，你难道以为你没有伤害到你女朋友吗？你觉得你有多聪明，仿佛学校里没有人知道你以前背着你女朋友干的那些事？"

A忽然就惶恐了起来："别人知道？"

"你在跟我搞笑吗？"我说，"你对不起你女朋友。因为别人都看低她，因为她一直和你在一起。"

A平时那迷倒众生的样子不见了，他只是一个孩子，一个迷失的男孩子。

"我现在告诉你你该做什么，"我说，"你要给她手写一封信，告诉她你多抱歉，她看不看是她的事，她告不告诉你女朋友是她的事。但是你明天早上把这封信放到我的门下面，然后下面会发生什么，我也不知道，不过你最好祈祷上帝她没事，不然你就完了。"

A不断地点头："我写！我写！你让我写5封，写10封我都写！"

最后我往回走的时候，他在我身后忽然说："Gogo，你觉得我是个坏人吗？"

我没有回头："不，我不觉得你是个坏人，我只觉得你是个Loser。"

第二天早上八点，信就躺在门下面了。我去见了0，告诉了她一切，她不断地要求我重复描述他乞求的时候恐惧的样子，然后拍手叫好，最终她读了信，她说他是个有很多问题的男人，但这是一封很坦诚的信。

　　现在一切都结束了。他们就像一切都没有发生过一样生活。O继续去各种抗议游行，每天忙忙碌碌，A难过了一阵子，但是很快，继续和其他女人调情。也许，没有什么是"独立"，或者"不独立"，我们都在成长，成为那个我们想变成的女性，只是时间问题而已。

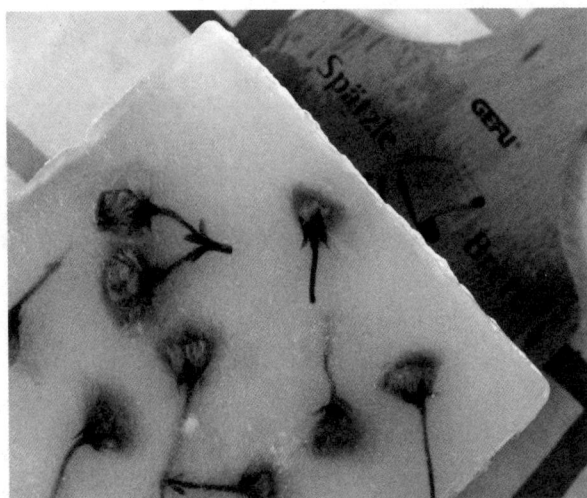

给自己一场放逐的自由

/ 凉公子

有时候，改变只是一个咬牙、一个跺脚的决定。就算成为不了精彩和传奇，但至少对自己有过交代。

放逐

妈妈来敲房间的门叫醒我。

顶着沉重的眼皮瞄了一下手机，凌晨 5 点，暗蓝色的天空已经发白。

瞥见角落里的行李箱，呼了一口气努力爬下床。

下楼洗脸刷牙，看见桌上放着冒着热气的馄饨和小笼包。

以往，每逢到了期中和期末考试那天，妈妈总是会早早起来，上街买馄饨和小笼包给我当早饭，希望我吃得饱饱的，精神满满地去考试。

显然，她把今天也当成与我上学时考试一样重要的日子。

"慢点吃，多吃点。等会儿上了飞机肯定会饿，航空公司的盒饭又难吃。"她坐在我旁边，看我吃得又咳又呛，往我杯子里倒了点豆浆。

"以后在外面可不能这种吃相，丢我脸。"

"已经晚了。不过我努力改正。"

我嘴里含着东西，口齿不清地回答她，一边不经意地瞥了一眼，突然发现她有白头发了。

"老妈，你怎么有白发了啊？"

"你都要离开家到外面去了，我能没白头发吗？少让我操点心，这样白头发长得慢些。"

这是我走那天，属于我们之间，很家常的对话。

我和很多要离开家的孩子一样，听着老妈唠唠叨叨的嘱咐。

只是这次我没有回嘴。

邻居家的狗小白一直跟着我到外面的马路上，脖子上的铃铛响个不停，一起陪我等出租车。

早上 7 点多，路上车子还很少，空气里飘散着一股合欢花的香味。

"你回去吧。我自己等就好了。"我对妈妈说。

"不差这半点工夫，看你上了车我就回去。"她的手还搭在我行李箱的拉杆上。

看着她瘦小的身体，想到她每天支着42公斤的身体操持着家里家外的一切，和那些突然长出来的白发，很想跟她说：注意身体，多睡点觉，想吃什么就买别省，多跟舅舅他们一起出门散心……

可是话全都堵在喉咙口，一句都说不出来。

……

当再次醒来，是被飞机的舱室冷气冻醒的。

透过窗口，看到机身正穿行在大片洁白的云层上，我终于意识到，真的离开了家、离开了父母，自己选择的生活马上就开始了。

兴奋之外，还有点彷徨。

很久以前有一个给我们班上听力课的女老师，传闻她和上届的一个师兄相恋，师兄后来去日本留学，女老师也办了出国手续准备去追寻恋人。

当年师兄23岁，女老师28岁。"师生恋"加"姐弟恋"在学校传开了，很多人都知道。

给我们班上课的那段时间，女老师的签证已经下来，就等我们班的课程结束后动身出国。

有同学在上课时大胆地问她："老师，听说你去日本是为了找×××？"

她听后微笑着回答："不管你们听到什么样的传闻，我只能说我出国是因为我想追求自己要的一些东西和生活方式。有些事情现在不做的话，以后可能会后悔，我不想在后悔中过日子，就算结果不尽我意，但至少我为自己努力过了……"

我似乎能隐隐约约地明白她说的"一些东西和生活方式"是指什么。

这是个活在当下、坦荡勇敢的人。

无视外界舆论，不计结果地去追寻人生中对自己来说很重要的东西。

这样的人，在我身边不常出现。

而真正让我做出决定的，还有一个人。

石田裕辅，骑着自行车环游世界的旅行家。

25岁那年，石田辞掉原本在大公司干得不算坏的工作，带着忐忑不安的心情踏上一个人的旅程，出发前还在尿血的症状中犹豫不决，最后一咬牙动身出发，实行他计划已久的三年之旅，后来因旅途实在太有意思而延长至七年。

旅程结束后，他回国写了《不去会死》《最危险的厕所和最美丽的星空》《用脸盆吃羊肉饭》等一系列火爆的旅行自传，现在是一名专栏作家。

如果石田当初因为自己尿血而放弃自助环球旅行这个计划，那么很可能他现在仍在那家大公司里干着数年如一日"自己绝不讨厌"的工作，也就不会有之后那些故事了。

有时候，改变只是一个咬牙、一个跺脚的决定。

就算成为不了精彩和传奇，但至少对自己有过交代。

他这么告诉我。

而我的未来，会是什么样子的呢？

我又会遇见什么样的人，什么样的事呢？

在异国他乡，会生活得快乐吗？

这些，我全然不知道，全然交给老天，全然交给行李箱以及那一股子愣头愣脑的"无知者无畏"。

但是不论如何，我一个人，出发了。

把人生当作饼干罐就可以了。饼干罐不是装了各种各样的饼干，喜欢的和不喜欢的都在里面吗？如果先一个劲儿地挑你喜欢吃的，那么剩下的就全是不大喜欢的。每次遇到麻烦我就这样想，先把这个应付过去，往下就好办了。人生就是饼干罐。

——村上春树《挪威的森林》

土豆上学记

来日本之前在网上查询了几家语言学校，到了之后一一进行了实地走访。

找学校时边看地图边问人，在国内学的日语算是有了用武之地。

几番比较之后，我决定去一家位于东京神保町的学校。

因在几年以前就考过了日语一级能力考试，所以在语言方面并没有太多的惶恐，自觉入学测验做得比较轻松。

接待我的工作人员查看我的答题卡后，问我："既然都过了一级，为什么还要来语言学校？"

"我需要一段时间来适应新的环境，此外还想结交一些朋友。"

工作人员点点头，按测验得分把我编入了高级班，就这样我又重新踏进了久违的"校园"。

上学的日子开始了。

每天早上要挤人满为患的电车去上课。

到学校的时候，头发都能滴下汗来，流进眼睛里，火辣辣的疼。

衣服前胸和后背都是湿的。

后来跟日本人一样，除了内衣以外，T恤或衬衫里面都会再穿一件

棉质背心，用来吸汗。

这家语言学校，占生源比例最大的是瑞典和法国的学生。

亚洲的学生中，中国台湾人数最多，接下来是中国大陆地区，韩国、泰国、马来西亚、印尼等国家。

学校的教室共有两层，我所在的高级班在六楼，六楼有五间教室，

总共不到10张亚洲面孔，认识的中国学生除自己以外，就是对面班一个来自大连姓陈的男生。

欧美国家的学生占多数，亚洲学生（加上一楼的）只占到四分之一。

物以类聚，平时亚洲学生就跟亚洲学生交往，欧美学生就跟欧美学生玩。

一到放学，校门口站满了人，黑头发黄皮肤站一堆，白人又是另一堆，谁都不会主动站到另一堆里边去。

六楼有个休息区。那里有一张可以容纳四五个人的沙发，还有一个靠墙的吧台，学生可以在茶水间里做咖啡、茶点以后拿到休息区去用。

那里名副其实成了六楼的交际平台。课间10分钟，各个班的学生都会去那里聊天喝咖啡什么的。

英语是除了日语以外的通用语言，还能经常听到其他国家的语言。

我们班有个波兰女生，交际能力很强。

她课间休息从来不会待在教室，一到下课时间总是立马蹦到休息区。六楼的学生，没有她不认识的。

亏得她，一直热心拉拢我们班和隔壁班一起活动吃饭。

隔壁班北欧学生占多数，我们班亚洲学生占多数（我们班是全校唯一的高级班，人数最多时也就十来个人）。

黑头发和金头发终于混到一块儿去了。

波兰妹组织两个班的联谊，把每个人都介绍过来，一堆人的名字根本记不全，Toku（拓谷）拿出笔记本让每个人写下各自的名字和国家。

有一个瑞士男生对我说，你的姓太难读了。

他一开始叫我Day（类似这个发音），我说我的姓氏发音是Tei，可他还是"Day桑Day桑"地叫我。后来不想跟他纠结了，就说，你还是叫我Mika吧。

几个国家的人扎在一块儿说话的情况可想而知。

我们这边自顾自地说中文，他们那帮说英语，两帮人马交流的时候又转换成日文，语种甚是丰富。

最期待的是周五。

那天只要上半天的课，而且第二天第三天都是休息日，不用去学校。

上午的课结束前30分钟，大家就开始传纸条。

内容无外乎：中午吃什么？去哪里吃？完了后去哪里喝咖啡打屁磨洋工？

统一好意见，下课铃一响马上收拾书包出教室。

和同学经常去的是学校附近一家叫作DOUTOU的连锁咖啡店。

按物价来算的话，日本的咖啡比国内便宜很多，280日元一杯可以坐上一下午。

大家天南地北地聊，悠悠闲闲地吃饭喝东西聊天，不用赶着回家写功课。

说到功课，着实有个让大多数同学头痛的问题。

学语言是"听说"不分家的，平时在课上我们会进行大量的口语练习，每个人，每周必须上讲台进行一次演讲。演讲稿都是提前在家作为功课写好的。

我们不怕老师的突击测验，唯独上台当众演讲让人羞怯。

从台湾来的Toku，他的座位只和我隔一条走廊。

每次笔试做下来，他的得分点数都很高，但一上台演讲就会口吃。

再有老师提问的话，他就更紧张，一紧张就脸红，一脸红就越发表达不清楚想说的意思。

每当这种情况出现，老师的视线就会自动转移到我身上。接收到这个信息，我就会把他的意思整理一下再转达。

老师问我，你明白他的意思？

明……白。

说完之后低下头，不去看老师那张写满疑问"为什么你明白我却不明白"的脸。

"看你上去演讲都面不改色，真的一点都不紧张吗？"

有一次，Toku忽然问我。

"不紧张啊。你上台演讲之前手里拽样东西，紧张的时候就握紧它，手里不落空感觉就踏实了，踏实了就会放松了；然后把坐在台下的我们当成土豆就行。"

其实我大多数时候是个"出门在外的面瘫者"。

自从听到我那样说以后，他似乎就开始实施了。

本着除了他以外，别人都是一个个土豆的想法，上台之后Toku的眼睛就直视前方，从来不看坐在下面的我们，规定10分钟的演讲，他后来发展到一个人在台上可以讲30多分钟而浑然不觉。

下一位演讲的同学开心得要命，因为Toku讲完，基本上也就到了下课的时间，下一位就不用再上台演讲了。

我在内心感叹，土豆们的力量真是不寻常啊……

后来，内向的Toku在两年以后独自横穿撒哈拉沙漠东部,还去了非洲、中东、欧洲、北美等20多个国家旅行。

我跟他开玩笑说，去那么多地方，你的老婆本什么时候才能攒上啊？

偶尔得知，他存款上的零多得我无法一眼看清有几个，事实上，他以前经常跟我说应该怎么理财生财，可那时的我，却从未把他的话放在心上。

给吉吉的杯子

两只咖啡杯，用白陶做的。

找不到有什么图案和款式适合他，再三思量后决定放弃个性化，选用最简单的杯形。然后，刻上专属他的记号。

他是一位只见过两三次面的朋友。

在网上看到一篇关于咖啡的文章，是他写的。

我平日里也喝咖啡，只要不太难喝的我都接受，但不会进行太深入的探索。他有些用图表数据来分析咖啡的文章，我这个盲品者读起着实

有些吃力。

但也不是没有收获，比如说我知道了用92℃的开水做出来的咖啡才是最香的，而以前我总是用炉子把水烧到沸腾后，马上就进行冲泡。

我加入了他创建的咖啡小组，大家都叫他组长。而他笑称自己只是个打咖啡的酱油男。

他烘焙了一批咖啡豆，发给大家品尝。寄给我的时候，包裹里还放了一个爱乐压，他应该是猜到只喝过滤咖啡的我肯定没有配备这种工具。

这种设想周到的举动让我觉得他是个有心的人，同时还有很敏锐的观察力。

我尝试用爱乐压做咖啡，它带来层次明朗清晰的味道。微苦中带点柑橘的酸味。很适合在早上喝。

2012年9月份我回国，有10天的假期。

去拜访酱油男。他正在为马上到来的南京区赛事进行紧锣密鼓的准备。

在他的办公室里，我和他另一位朋友观摩了他的演习训练。而训练时做的咖啡正好拿来请我们品尝。

尽管他一再提醒我，每杯浅尝一两口就好，但我还是败给了那些丰饶的香气以致喝过了正常的量。

他问我们，是否有需要改进的地方。

我是外行，不了解怎样的操作才符合比赛规则和什么样的味道才能得到高分。但我注意到他把咖啡端到作为"临时评委"的我们面前时，手指不小心碰触倒了杯口。

"你的手指刚才碰到了杯口，如果客人看到的话心里可能会不舒服……"我有点心虚，在正式比赛中这种"不小心"如果不会造成扣分，那我的话就显得多余了。

"你看得很仔细，我自己都没察觉到。我的手大，端咖啡时很容易碰触到杯口。如果我掏钱买咖啡，看到这样的服务，也会在心里画个叉儿。谢谢你的提醒，我会注意的。"他十分诚恳。我轻轻松了一口气。

几个月之后，他摘取了南京区的冠军。

没在网上公布，我从他朋友那里得知这个消息。

写邮件给他。在信中问道："自从接触咖啡以来，什么事情令你印象最为深刻？"

他给了我这样的答案——

"其实咖啡对于我来说，接触越多其本身反倒没有太多打动我的地方了。而越来越凸显的是这些年围绕咖啡所产生的心态变化。这个心态可以是做事的，也可以是感知的。尤其是现在，我每天练习少则50杯，多则200杯。原本有些邋遢的我，现在不管有多累，都会在一天的工作和训练结束后，去把杯子和机器清洗掉。日复一日，没有哪位咖啡师会充满热情地去洗杯子。但一件事情的完整，里面包括了不喜欢可必须去做的事。我不知道是否回答了你的问题，但就这些点点滴滴，反倒加强了我对自身的要求，让我在每一件事情上有更高的完成度。"

后来，他又摘取了2013年4月的全国比赛季军。有网友上传了那场比赛的视频。

也许别人看到的是咖啡师之间的比赛，但我看到的是一场他和自己进行的较量。

那种厚积薄发释放出来的力量更好地诠释了他在邮件中所说的"更高的完成度"。

在最近一次的问候中，知道他要开咖啡店了，便做了这对杯子送他。

他的名字里有个"喆"字，但我刻的是"吉吉"。

初次见面时问他该怎么称呼他时，他说："就叫我吉吉好了，这样听起来有喜感。"

去伊豆听海

七月下旬是一年里最热的日子。

昏昏沉沉地要对付苦夏，做什么事情都懒懒的。只盼这难熬的节气快点过去。

一日，岛田君跟我说："要不出海去玩？"

"出海？"

印象中的出海都是有钱人开私家游艇去海上偷得浮生半日闲那种。

"可以自己开车去。伊豆海滨附近有很多度假旅馆。在那里什么都

不做地待上几天。"

"就是去发呆咯？"

"没错。"

"是《伊豆的舞女》里的那个伊豆？"我跟他确认。

"除了那电影里的伊豆，还有第二个伊豆吗？"

就这样，我打起精神收拾行李。第二天早早起来做了三明治和咖啡打包，由岛田君驾驶，一路往伊豆半岛的南端开去。

从我住的地方到投宿的旅馆，途经高架桥和环山公路，开车要七八个小时。

傍晚6点到达预订的旅馆"花里"。旅馆建在一个山坡上，由一幢三层楼私房改建而成。玄关前面的一大片用水泥浇出来的空地便是停车场。

从车里下来，就有一个穿灰色长布衫、身材瘦削、年约45岁的女士迎上来帮我们拿行李，微笑着跟我们寒暄说："**お疲れ様！**"

（一路辛苦了！）

她是旅馆的店长，也是当家。跟着她进门，换了拖鞋。由她带我们去楼上预订好的房间。

楼梯不宽，却是木质很好的材料，每一层阶梯都擦拭得很干净，还泛着润泽的光。

小楼看起来年头久远，却维护得很坚固。

日式房间极为简洁。墙上没有挂字画。

一台小冰箱，一台电视机，一套茶具，一个茶桌，茶桌上铺一块淡紫色手工刺绣的棉麻小桌布。

此外，棉被和浴衣等物都被收纳在壁橱里。

两面墙都有糊了和纸的移窗，一拉开便满室清辉。

能听到外面的鸟叫虫鸣。

我探出头去看，旅馆背靠青山，植被苍翠，空气清新。

但湿度颇高，想来是离海近的缘故。

我在网上搜索到这家旅馆的。

"花里"是一家由"女将"掌管的店。招牌是它的料理和服务。

这家店从老板到厨师、服务生，清一色的女性。而女掌柜在日本被
称为"女将"。

晚饭是以海鲜为主的和食。

吃之前期待值不是很高（有过满怀期待冲着评价极高的料理不惜从
很远的地方坐车去品尝，实际吃到嘴里却不如传说中那么好的经历）。

而"花里"的生鱼片彻底扭转了我以往对日本人把刺身当作"御
品"而不得其解的想法。

"花里"的生鱼片数量不多，摆盘也很朴素。只贵在新鲜和刀工。

新鲜不必说，旅馆靠海，鱼从海里捕捞出来后马上送到订货的旅馆；刀工是指加工后的生鱼片横切面是否细腻光滑，如果刀具不锋利，柔软的鱼肉势必被切得歪七扭八，毛毛糙糙，如此一来就影响了鱼片放进嘴里的口感。

切生鱼片的刀不同于普通拉锯式菜刀，而是一种特制的长度为30厘米左右的柳叶形窄刀。一顿饭吃下来等于上了一堂课。

如果是日本人的话，这时没准会说**"すごく勉強になったよ"**（真是大长见识啊）。

旅馆自家制的芥末味冰激凌更是感觉新奇，舀一勺送进嘴里，芥末的辛辣从口腔直窜鼻子，使人浑身一颤，却和甜蜜融合得恰到好处。

我欲罢不能地一路吃到底，连拿来作为点缀用的金箔都没剩下。

晚饭结束已是8点，散步到海滩。

沿着长长的堤岸走，看到有人独自蹲在那里烧滴滴金。

进入海边的一家酒吧。

酒吧用椰子树叶和椰壳做主要建材和装饰，吧台上有一个很大的鱼缸。里面养着色彩斑斓的热带鱼，鱼缸的边缘围了一圈满天星灯泡。忽闪忽灭，在昏暗的酒吧里格外漂亮。

要了汽水和一碟烤鱿鱼坐下来。酒吧门口有卖烟花的摊子。几个小孩手里拿着放空了的烟花棒当剑比画，光着脚在沙堆里嬉闹。

伊豆海边的夜晚是这样欢快。

白天吃过午饭小睡起来，戴上草帽去昨夜去过的地方。

以为大太阳下不会有什么人，恰恰相反，天气有多热，气氛就有多热烈。

白色的沙滩和蓝色的大海只是衬托，来这里的人才是风景。

穿着比基尼的女生们让人的眼睛吃尽冰激凌；小男孩牵着狗出来放风，不小心让狗狗跑了，他拼了命地在追；男孩们拉了网，穿着泳裤赤足在沙滩上打排球；玩冲浪的女孩一次又一次被猛烈的浪掀倒，好几次我都觉得她肯定会在下一个浪打过来之前离开大海回到岸上，但每次我都猜错。

她不断摔倒，却很快又站起来迎向又一个正从远处侵袭过来的风暴。

看着眼前这些景象，我脱掉鞋子走向大海，任凭浪花打湿我的裙裾。

这一刻，只想乘着夏天的风，在海的怀抱中扔掉所有烦恼。

30 岁后，要有突破平凡生活的勇气

/ 派妮

除了自己，
没有东西能真正成为你选择生活的障碍。

你必须非常努力，才能看起来毫不费力

Maggie（玛吉）是我的研究生同学，年长我3岁。

第一次见她的时候，是在交大复试的时候，专业课的笔试在一个教室里进行，她坐在我的左前方，正好回过头来的时候看了我一眼，我也看了她一眼。

她的长相极其普通，穿着也并无任何让我惊艳之处，然而不知是不是那一瞬间的"眼缘"，在复试结束后，我竟然对普通的她却印象深刻。后来她以全学院第一名的身份考进了交大，而我以全学院最后一名的身份"挤"进了交大。

我们成了同班同学。

我始终相信，人与人之间是讲求缘分的。我想我和Maggie的确是有缘，当别的同学还处于相互了解、相互熟悉阶段时，我和她已经成了无话不说的好朋友好闺蜜。

Maggie本科毕业于老家当地一所普通大学，但是父母在当地还算有点门路，就把她弄进了中国联通，工资福利待遇自然不错。如果她安心于"现世安稳"的生活，努力工作，不出几年，就能买房买车成家，日子应该过得很舒服。然而要命的是，她当时谈了一个男朋友，在上海读书，而且更要命的是，这个男朋友将来毕业后绝对不会为了Maggie离开上海。两个人想要在一起，只有一种选择，那就是我的这位Maggie小姐放弃老家优渥的工作，来上海。如果换成是我，可能真的会犹豫，但是她竟然一点也没犹豫。

她犹豫的是，到底是直接来上海找工作，还是考到上海来读研然后留在上海。

最终她决定考研。

Maggie为了备考，提前一年辞掉了这份在当地人人羡慕的工作——

当时她的爸妈也要疯了，他们可是费尽千辛万苦才把自己闺女送进这么好的单位啊！一开始Maggie闷在家里复习备考，后来受不了父母的压力，自己找了一个很轻松的公司去上班，只为有更多时间备考。

后来听我们读研的老师说，当时面试Maggie的时候，问了她一个问题，她回答得很好。

老师问："你本科不是学这个专业的，但怎么对这方面准备得很充裕？"

Maggie回答说，为了备战这次研究生考试，自己看了100多本关于这方面的专业书籍。

破釜沉舟，花开满地，结局圆满——她来上海读研了，她的男朋友也顺利毕业找到工作了。那个时候，她成了我们最羡慕的对象。爱情甜蜜，学业顺利。我们总是感叹Maggie的人生皆大欢喜。那个时候的Maggie，也是我认识她以来她生活最幸福的时刻。

之所以说她那段幸福时光，是因为接下来发生了一连串我们怎么都想不到的事情。

研一的暑假，我去北京中央电视台实习，Maggie在上海电视台实习。还没等暑假过完，她那边就传来消息，男朋友劈腿了，要跟她分手——后来我才知道，她的那个男朋友看上了一个富家千金，而且一勾搭就勾搭上了，于是决绝地跟Maggie说了再见。这下子，Maggie可是崩溃了，千辛万苦考上研究生，奔你而来，你却弃我而去！于是她天天哭，日日诉。我们也天天陪着她，天天劝着她。

有近半年的样子，她始终没有缓过劲来。不是缩在寝室里上网看电影，就是研究各种美食，一副天天吃喝玩乐的样子。我知道她是在掩饰自己的痛苦，她是在用这种方式疗伤。

等Maggie缓过劲来的时候，已是研二下学期了。她突然像变了一个人一样，不顾一切发疯般地去学习。白天天天泡图书馆，晚上回来也继续自习，自己报了各种考证的考试，一遍一遍去学，一遍一遍去考，仿佛要把过去那些"堕落"的日子全都补回一般。

毕业之后，Maggie进了一家国企。一进去时，新人为了博得好感，她卖命地工作着。她总是这样，干起事情来就不要命。那段日子，正好我也遇到了人生最为低谷的一段时间。她日日夜夜加班奋战，我日日夜夜颠沛流离。

记得2010年过年除夕晚上，我发短信给她，问这一年过得好吗？她立即打了一个电话过来，她说，过得很不好，一个人，很累，很累。

她说，从学校搬出来那天，下着雨，她一个人叫了个搬家公司，一件一件地搬，搬到租住的小房子里以后，看着满地乱七八糟的行李，对着空空的屋子，她实在忍不住大哭一阵。说着说着她哭了，说着说着我也哭了。那段日子真的是我们最难熬的日子。

参加工作一年多以后，我有了自己的新的恋爱，Maggie依然单身。Maggie曾经接受过几次相亲的安排，但是每当对方或直接或间接跟她谈起薪水房子车子的时候，她总是失去了兴趣。我知道，她更多想要的是精神上能够志同道合的伴侣。

又是一年，Maggie说她决定要出国留学，这是她曾经的梦想。我非常了解她，她一旦决定的事情，哪怕花三年五年，也会去做，去实现。

GMAT、GRE、TOFEL…她真的花了一年半的时间去考这些东西。等考完了这些，她又花了近一年时间去准备美国各大学校的申请。结果很惨，不如人意，没有一个学校给她offer（录取通知）。

Maggie不管，第二年接着申请。"或许这是我这一生做过最不靠谱的决定，但是我这几年的付出我从不后悔。"这是当时的她说的话。

2014年1月7日晚上，Maggie发微信告诉我，现在有三家全美商科排名前20名的大学给了她offer，其中有一所大学给了她全额奖学金。

1月10日晚上，我和Maggie在宜家碰面吃饭。她说除了我和家人，她没有告诉任何人，自己申请的出国留学成功了。她也不会主动告诉任何人，如果别人问起来，她只会简单地告诉别人自己出国了，并不想多说什么——"别人只知道结果就行，但是我知道我为了这个结果付出了三年多的努力。"

6月13日，Maggie坐上了飞往大洋彼岸的飞机。Maggie刚到美国时，还会时常给我发微信告诉我她的近况，有时候也会打越洋电话交流一下各自的生活状态。再后来，我忙着我的新工作，她忙着她的新学业，几乎有两三个月的时间都失去了她的消息。

再次接到她的电话是在一个周末的中午，彼时她那边的时间已近凌晨。她说过去几个月她正在全力以赴备战期中考试。我知道她口中的"全力以赴"一定不轻松。果不其然，她说两个月修完了金融学、财务分析等八门课程。她的同班同学以从事金融行业居多，所以这些课程并不难，他们把更多的精力放在学校组织的各类社交活动上。可是Maggie不一样，她从来没有这方面的基础，也没有跟金融、财务打过交道，只得从头补基础。"基本每天夜里12点之后睡觉，凌晨4点起床开始温书，比在国内上班时还要累。"

结果最终成绩公布时，Maggie在精英群集的商学院里竟然打败了那些科班出身的同班同学，各科均名列前茅，这让她的同学都大吃一惊。Maggie只是对他们笑笑，什么也没说。

她说，因为不知道自己到底有多少潜力，所以每次都狠心把自己往绝路上逼；她说，因为自己这辈子真正想去做的事情并不多，所以每次都要特别努力才不负自己；她说，别人的赞誉与批评永远无法决定自己的生活，所以与其多费口舌不如默默做好自己。

跨专业考研第一名、取得高级口译等各种证书、出国留学成绩横扫全班……我这位女战神朋友永远都是这样子：只要她认定的事情，她就会拼尽全力去做。每次别人问起她来时，她总是淡淡告诉别人一个简单的结果。

只是我知道，这背后有着多么的坚忍和斗志才能得到这一切。她总是看起来毫不费力，事实上，你不知道她有多么努力。

农村女孩逆袭：靠奋斗在上海买了 500 万的房产

我是在一次朋友的高端餐饮试吃会上遇见Nicole（妮可）的。Nicole外表清纯可人，亭亭玉立，远远看上去就像一个刚毕业的大学生。交换过名片之后才发现，她已经是静安寺一家房产经纪中介门店的总经理。交谈中得知她们最近在试水一些高端洋房别墅的租赁业务，我对此很有兴趣。于是另约了时间详谈。

再次见到Nicole是在她的门店。长长的万航渡路上，鳞次栉比的商铺，有包子铺，有五金店，有殡仪白事店，更多的还是形形色色的房产中介门店。Nicole的店就是那其中最不起眼的一个。装修非常普通，大概只有10个平方米的店面，拥挤地摆了三排桌子，桌子后面一个空地当作会议室。相比那些豪华装修的大连锁中介，Nicole的店的确寒碜了些。Nicole笑笑说，很多人来我的店里吃了一惊，觉得跟想象中太不一样了。

你是不是也有同样的感受？我说是的。Nicole说接下来有可能会搬进写字楼里，因为会做一些高端洋房别墅的租赁业务。

我好奇，问她做这一行多久了。没想到这一问她就打开了话匣子，而我也听到了一个她个人成长的故事。

Nicole是1988年生人，出生在江苏苏北一个农村家庭里，父母两个人都是普通农民。2006年，Nicole满18岁，她妈妈带她来了一趟上海，这趟上海之行让她非常触动。"我读书不多，也没上过大学。但是我当时也不知道哪里来的勇气，就想到自己来上海闯一闯。"于是，她一个人跑到上海，到了上海第一件事就问别人，在上海做什么最赚钱？很多人告诉她，现在房地产非常火，做房产中介还是挺有前途的。于是Nicole跑到一家大的房产中介应聘。进去之后才发现虽然这个行业很火热，但是竞争也异常残酷。而且由于多数房产中介从业人员是男性，且素质也比较低，所以Nicole进去后经常被欺负，两个多月以后Nicole不得不辞职，另找下家。下家好找，但是情形同样不乐观，Nicole还是到处受排挤到处受欺负。Nicole就这样跳啊跳，一年之内跳了四家中介公司。在最后一家待了没多久之后，Nicole终于忍受不了，于是毅然决定自己自立门户！

她跟爸妈还有亲戚借了钱，瞅准了静安寺这个宝地，租了一个很小的门面，开始了自我创业的生涯。"静安寺这边有两所小学，很多家长为了小孩上学专门置换学区房，所以这个区域换手率特别高，所以我们的机会应该也会比较大。"当初Nicole这样的定位考虑也得到了验证，在此后几年间，Nicole的店面的确慢慢做起来了。

其实，只要你站在静安寺万航渡路附近，就会发现房产中介太多了，Nicole是怎么应对这种激烈竞争的呢？

Nicole自信地说，靠的就是口碑，靠的就是客户对她的信任。"客户委托给我做的事情，我就是做得比别的中介好，就是做得比别的中介细心。其实像过户这种事情特别烦琐，但是我做事，客户就是觉得靠得住。"Nicole说，她的客户多是以前老客户口口相传介绍过来的，很多客户后来直接把她当朋友，即便到了国外还会亲自给她寄礼物。据她说，现在手下有两三名员工，根本不需要去街上到处拉客，也不需要天天开会到晚上。"即便是这样，我手下的员工拿到的工资也比周围中介要高。"

从无到有，从坎坷到顺风顺水。2012年，24岁的Nicole在房产经纪这个行业做了6年之后，利用自己赚的钱给父母在老家城镇上买了一套房子。与此同时在上海，她把自己的店已经发展到了三家门店的规模。

就在这个时候，Nicole突然觉得应该让自己休息一下。于是她把其中一家门店卖掉，另外两家门店转租给别人。自己一个人花了十个月的时间去环游世界。那十个月的时间里，Nicole去了亚洲、大洋洲、欧洲等很多个国家。当她回来后，她觉得这一次旅行没有虚度。"这次旅行对我的意义非常重大。我从小在农村长大，没读过多少书，见识也很少。但是在我做房产中介过程中，我接触的很多客户都是比较有钱见过大世面的人，每当面对他们的时候，我经常感到很自卑。但是这次旅行让我知道了外面世界的广阔。现在再跟其他人交流的时候，我已经变得非常自信。"

十个月的旅行让Nicole脱胎换骨，回来后的她精神奕奕，她决定把其中一家门店收回来，继续做这一行。回来后，还有一件事情让她生活发生变化，那就是在她旅行过程中，认识了一个台湾男孩子，那个男孩子欣赏Nicole做人做事的态度，主动追求她，最终获得芳心。为了跟Nicole在一起，那个男孩子来到上海，加入到Nicole这家门店中工作。由于男朋友长期在台湾、马来西亚生活，他了解到，现在越来越多的老外愿意来上海发展，这些老外喜欢居住在具有上海特色的老洋房别墅里。但是这些老外在国外获取这方面的信息极少，只能来到上海之后再找房源。Nicole男朋友觉得这是一个机会，应该抢先一步，主动出击。于是他在国外很多个网站开始主动刊登上海的房源信息，试下来效果还不错。接下来他们打算把这块业务扩大，甚至有可能单独成立一个公司来承接这方面的业务。

去年年底，Nicole和男朋友准备在上海登记结婚。为此，两个人在静安寺附近购买了一套500万元的房产作为新家，而且是全款购买。

听罢Nicole的故事，我深深觉得，不管你处于怎样的境遇，只要不屈服于命运的安排，总能走出属于自己的一片天。不过从投资角度来讲，我觉得有三点值得我们学习：

第一，确立好目标，选对行业。Nicole刚到上海就非常有"行业意识"，她的目的就是要赚钱，而房产中介无疑是符合她这个目标的，所以从一开始她就针对自己的目标选对了行业。

第二，做事靠谱，有执行力，有服务意识。苹果教主乔布斯曾说过，好的产品加好的服务永远有市场。对于房产中介而言，更多的客户积累来源于服务。而Nicole的门店之所以发展得这么好，根本原因就在于她能够服务好客户，给客户提供最舒心的"产品"。

第三，投资自己。当Nicole有了金钱自由之后，她没有挥霍一空，而是选择通过旅行的方式来开阔自己的眼界，努力提升自己。事实证明，这样的方式对她以后做人做事也起到了很大的作用。

第四，抓住机遇，敢于尝试挑战敢于冒险。不管是恋爱，还是男朋友提出的建议，Nicole都本着开放的心态，积极去实践，积极去拓展。其实做任何事都有风险，如果一直趋于安稳，很可能自捆手脚。从Nicole一个人独闯上海就可以看得出她天性骨子里是一股冒险精神的。我觉得精彩的人生是需要这样一种精神的。

30 岁后，你要有突破平凡生活的勇气

先讲三个媒体人的故事，主角分别是我、黎和梓。

我和黎在一家地产杂志媒体共事三年，关系要好。这两年，我强烈感觉到了事业发展的瓶颈，于是年初便有了辞职然后离开媒体的想法。

后来才发现有我这样想法的人不止一个，黎也正有此意。媒体环境的不景气、长期不涨的薪水、看不到方向的未来……我们似乎有着共同的迷茫。

一个月之后，我和黎先后提出辞职，领导均极力挽留。我横下决心，拒绝了领导升职加薪的"诱惑"，然后走了。然而黎却犹豫了，她

被领导苦口婆心劝说了一番，就继续安心在这家杂志社待下去了。

我从来都不算是一个大胆的人，只是这次勇敢的变化，带给我的惊喜却远远大于之前的想象。当时辞职时，并未敲定下家公司，本想给自己放个悠长的长假，假期结束后再想工作也不迟。结果却在动身旅行之前，得到了一个心仪公司的面试通知，然后竟然很顺利地在一星期之内搞定了一面、二面和三面，最终拿到offer。更为惊奇的是，此前曾经心心念念想要到杭州这座城市来生活，结果心仪的公司就坐落在美丽的西湖边。

今年年中时分，我已从上家辞职五个月有余，和黎再次相聚，旧事重提，黎又一次说起想要辞职的念头。黎还在不停地纠结："我明年就31岁了，转行还来得及吗？没想清楚之前我没决心没勇气辞职啊！"

我笑笑，没再说话。我知道她顾虑的是什么，因为在辞职之前，我也经历了同样的纠结。我们已是而立不再年轻，不想在这个行业继续做下去，可是转行到别的行业领域（即便是相近的领域）基本都要从头做起。更恐怖的是，作为一名职场女性，已婚未育是求职中的大忌。

年轻的时候，时间概念看得很淡，等到30岁之后，才发现最难以做出决定的原因，往往最先顾虑的便是时间成本和年龄成本。可是生活哪有两全其美的事情呢？既不想承担生活、职业上带来的平淡无味，又不敢承担变化后的风险与挑战，寻找症结时便把责任统统推卸到"年龄"身上。其实，说到底，黎现在的痛苦、纠结与年龄无关，与勇气有关，与心态有关。

就在我和黎经历辞职困境的同时，我另外一位媒体同行朋友梓也正在"折腾"着。梓是沪上另外一家报纸媒体的采编部主任。在这家报社工作了九年之后，她再也无法忍受那种"被广告和发行绑架、然后去报道一些受众根本不感兴趣的话题"的工作，于是经历了一番痛苦纠结之后，以"34岁的高龄"离职。

离职之时，梓同我们一样，其实并没有想好下一步的路该往哪里走。当她与我聊起彼此境况时，她突然对一个话题感兴趣，那便是30岁上下的职场人，在遭遇事业瓶颈之后该何去何从？她决定做一个系列研究。人脉广泛的她联系了周围一大帮同龄人，最终有十几位愿意接受采访，说出自己的困惑与抉择。

梓注册了一个公众微信账号，把她对这十几位被访者的采访内容发布出来，没曾想，引起了很大的转载量，并且后台收到大量留言。于是，梓决定继续把这件事情做下去——在随后三四个月内，梓先后又采访了二十多位"30岁人士"。

这一次受采访的对象不再是诉苦，他们把自己曾经遇到过的困惑，以及自己鼓起勇气、痛下决心尝试新生活的"正能量"故事——道出，梓一笔一笔记下来，发布在自己的公众微信账号里。

强大的粉丝数量、不断受热捧的文章……在公众微信账号运营了半年多以后，梓竟然接到了两笔广告业务。直到这时梓才意识到，这件"无心插柳柳成荫"的事情可以当成自己未来的发展方向来做。梓于是很快组建了一个团队，然后租办公场地、自建网站、接广告订单、组织线下活动、利用平台进行培训合作……一个小小的公众微信号竟然让梓找到了自己的创业项目。

经历了一段并不短的摸索期之后，梓的这个项目已经日益受到关注。面对着自己走过来的路，梓不无感慨地在自己的这个公众微信号上告诫大家，如果对自己的现状不满意，不要等，不要犹豫，当机立断，赶紧鼓足勇气跟过去说拜拜。尤其是30岁以后，更要有突破平凡生活的勇气，在找到自己想要的生活之前，你一定不能停止"折腾"。

我的闺蜜Maggie在她33岁时考取了美国一所著名商学院的MBA。当年决定考MBA的时候，很多人都觉得她疯了——三十多岁的人了，不努力赚钱、结婚生子、买房买车，却花两年的时间和几十万的钱去读MBA。

Maggie 说，当年做决定时，并不是完全不考虑这些。为此 Maggie 曾找自己的硕士导师征询意见。Maggie 不无忧虑地对导师说，"读完 MBA，我都三十五岁了。"这位曾经留美多年的导师一针见血地说："你有没有读 MBA，你都会到三十五岁。"正是这句话让她醍醐灌顶，下定决心考 MBA。

当她真正开始在美国的新生活时，她才庆幸当年自己的选择是对的。按照国内的标准，Maggie 应该是名副其实的"高龄学生"。可是令她诧异的是，三四十岁又回到学校读书在美国校园里根本不是什么新鲜事，她的同班同学中年龄大得远远超过她的想象。其中最大年龄的是一个 40 岁多岁的女博士，同时还是两个孩子的妈妈。女博士在大学里当了多年的讲师，但是做一个课题研究时却爱上了商业运作，于是辞职来读 MBA，认真考虑事业转型。还有一对夫妇，一个 38 岁，一个 33 岁，两个人开着自己的咨询公司，事业家庭双圆满。然而在事业如日中天时，却双双考取 MBA 学位，想通过校园来更新自己。

在一次越洋电话中 Maggie 对我说，国内的人对于"年龄"这回事看得太重了。似乎 30 多岁的人就应该过正常上下班、赚钱养家还房贷的生活，做点自己想做的事情或者对生活做出一些改变是那样得难。可是在极度崇尚个人自由的美国，年龄根本不是要做或者不做什么事情的原因。你不必因为 30 多岁了就必须要结婚生孩子，你也不必因为年纪大了就不能重新开始——创业、转行、恋爱、重新生活。

　　Maggie的这番话让我突然想到最近网络上流传甚广的一个词"无龄感"，它是指在年龄增长甚至老去后，仍然保持一种不为年龄所累，如年轻时一般的生活态度。那篇广为流传的《无龄感生活》也是一个从美国留学归来后的"30岁人士"写的。他在文章中写道："在国内生活，整个人际圈的氛围让我感觉到大家都过早地放弃了自己。就好像一起爬山，爬到一半，绝大多数人选择不再继续往上走，有些干脆往山下走。所谓'继续往上走'的比喻是一种历经挫折迂回仍然向上的精神成长，是忘记岁月流逝，像孩童一样憧憬一切未知的降临，是努力实现让自己变得更好的简单愿望。"

　　作者还举了一个美国老太太Jayne（杰恩）的例子。Jayne年届70，却依然学习中文，独自去各国旅行，常常突发奇想然后试图实现。Jayne的与时俱进与对生活的热情，让人觉得和她没有任何年龄代沟，这种"无龄感"的生活在国内却十分少见。"国内的朋友常常感叹自己老了，老到除了追求现实安稳之外，一切皆不合时宜，一切皆可放弃。"

　　我并非崇洋媚外之人，可是读到这里，我突然明白了为什么身边那些有着国外生活背景的朋友在做出自己的生活选择时往往更加"天马行空"。三年前，我认识了Lino（利诺）。Lino本科毕业于浙大，然后去美国读硕士，期间还去意大利交换学习了一年。毕业后在美国工作了三

年，然后回国。回国后在诺基亚公司上了两年班。后来，他慢慢觉得不管是在哪个国家，在哪个特牛的公司上班，都永远摆脱不了"打工者"的角色，他不想未来10年、20年都这样度过，他决定"为自己打工"。

炒了老板鱿鱼的那年，Lino正好30岁。常年的国外求学经历让他对咖啡情有独钟，于是他去上海一家咖啡馆应聘做咖啡师兼吧台服务员。进去后，从最基本的擦桌子扫地收拾杯子做起，一边做一边学，一年后Lino已经升任这家咖啡馆的店长。这个时候，Lino回到自己的浙江老家，找了一个门面，开起了属于自己的咖啡馆。

"Your dream doesn't have an expiration date。"Lino在微信上给我发来这句话。Expiration date指的是药品食品上的保质期。这句话直译就是，你的梦想没有时间限制。言下之意是，什么时候、什么年纪你都可以有梦、追梦——不管这个梦想是转行找个更好的工作，还是想去开间小小咖啡馆，或者顶着大龄女青年的帽子去异国求学。

以前我以为过了三十岁，身边的人和自己都会变成面目模糊的无趣中年人，现在看来并非如此。原来面目模糊的无趣中年人和好玩的年轻人之间的差别，不是年龄，基本上不是。女诗人辛波斯卡曾说过"我是我自己的障碍"。除了自己，没有东西能真正成为你选择生活的障碍。

如果你也想开一间咖啡馆

我应该是在前年认识Finale（菲纳利）的吧。

那个时候武汉参差咖啡馆的王森出了一本《就想开间小小咖啡馆》，我看完之后热血沸腾，特别想要学做咖啡。于是我在网上搜寻了几家做咖啡培训的咖啡馆，实地考察了一番后还是觉得Finale所在的咖啡馆比较靠谱，于是就报名参加了他们的基础咖啡培训教程。

Finale是我的培训讲师之一，除了上课大家也会在课下聊聊天，他是一个广东仔，实在太喜欢听他讲话，不管是粤语还是带有拐音的广式普通话。虽然是我的老师，但实际上年龄却比我小，我觉得他人比较靠谱，还帮他介绍过女朋友，虽然后来不了了之，但我们在课程结束之后却慢慢成了好朋友。于是也就慢慢知道了他的故事。

　　他本科学的是地理专业，这个专业大部分的出路就是去一个学校当一个老师，Finale也不例外。况且在大部分眼中，中学老师这样一份职业既稳定又受社会尊敬。毕业后，Finale在广州一所初中里当地理老师。工作一年后，他发现自己并不喜欢这份教师的工作。他讨厌每天写教学进度表、学生成绩通报表，更讨厌上级压下来的各种突击检查。学生们面临着中考的压力，地理课程根本不受重视。Finale说他每次上课时，下面的同学，学习差的就睡觉，学习好的就在学习语数外，根本没有学生把他放在眼里，也没有学生重视这门地理课程。于是他想要辞职，经过各种心理纠结和各种与家人的商量沟通，在当了一年半的地理老师后，Finale辞职了。

　　辞职了，要做什么呢？Finale也不知道。他买了一张从广州去杭州的火车票。之所以想去杭州，是因为当年在上大学的时候，偶然一次翻看中国国家地理，有一期专题是介绍杭州西湖，他对一幅航拍西湖的照片印象深刻，于是在辞职之后无所事事的情况下，准备去杭州游玩一番。Finale坦言那时的自己是带着"避世"的心态去的，逃避现实的压力，也逃避未来道路的迷茫。

　　Finale到了杭州之后，玩得很开心。他住在西湖边上的青年旅舍，一直住床位，住了有两三个月。周围的舍友不停地换，他就不停地跟不同舍友聊天侃大山，认识了很多人。但是这样的日子也很发慌，没收入没钱，再怎么玩也不踏实。

这个时候，他在青年旅舍认识的朋友介绍他去杭州一个咖啡豆进出口贸易公司上班。他就屁颠屁颠地去面试，然后就被录用了。Finale之所以被录用也是有原因的，因为他喜欢冲咖啡，在进这家公司之前，自己玩手冲咖啡已经三年有余了。他早在上大学的时候，就买了一套手冲咖啡的器具，然后经常在寝室里做手冲咖啡，不仅如此，当时他还在一个专业咖啡论坛里混迹了很久，了解了很多关于精品咖啡方面的知识。

进了这家公司，Finale的身份是销售，销售公司的咖啡豆。他会到处打电话给五星级酒店，问需不需要咖啡豆供应，也会到处跑到各色小咖啡馆里推销自己公司的咖啡豆。他说，自己做销售真的做得特别烂。根本不会娴熟地跟人沟通，也根本不懂得如何维护客户关系。

有一天，他突然接到一个来自上海的电话，一个咖啡馆刚刚开业，负责人问他要不要过来试试做咖啡师。这个时候，Finale才记起来这家咖啡馆是他前不久曾经推销过咖啡豆的一家店。Finale几乎是迫不及待地答应了，因为他实在厌倦了做销售的工作。

从此，Finale就开始了自己精品咖啡师的生涯。一开始做咖啡师，后来自己通过了SCAE Barista LEVEL 1（欧洲精品咖啡协会）的考试，拿到了证书，后来开始做咖啡讲师。嗯，我认识他的时候，他已经是一名非常优秀的精品咖啡师和咖啡培训讲师了。

不过，对于他来说，这仅仅是一个开始。从认识他到现在，大概有一年半的时间了，经常见他发微博发微信，练咖啡拉花，做咖啡豆杯测，研究各个豆子特性所长，这期间也先后参加了几次世界级的各类咖啡比赛，虽然没有获得所谓的前几名名次，但是对于他来说，积累大赛经验已经是最大的收获。

对于未来，他当然想要开一间属于自己的咖啡馆，但是与我见到的太多想要开咖啡馆赚钱的人相比，他真的走得很稳。很多人希望开咖啡馆是因为想要过那种悠闲而又小资情调的生活，很多人希望开咖啡馆希望能够从中捞一笔钱，但是Finale却坚持自己的"学院派"、"技术派"，认为自己的咖啡技术足够精湛之后才会去开一间属于自己的咖啡馆。

他觉得咖啡是一门太博大精深的学问，自己只不过是一名小学生，还有太多需要学习。所以现在的他一点也不急躁，他说未来一两年只想把咖啡做好，别的事情暂不去想。

不想说太多心灵鸡汤的话，我特别坚信未来 Finale 能够开一间非常成功的咖啡馆。有的时候，跟他一比，我都觉得我自己太浮躁了。他特别能静下心来，沉浸在咖啡的世界里。他给我的启示是，找到自己真正喜欢的事情，然后静下心来去学去做，最后你会成为这个行业里的佼佼者。

前两天，又看到 Finale 发微信了，照片上又是自己做的一大堆咖啡拉花试验，他说过，"我希望能够成为出色的咖啡师，无论身在何处。"

面对生活，你始终笑靥如花

说话声音嗲声嗲气，身上裹着一件blingbling闪闪发光的名牌连衣裙，背着巴宝莉经典款的包包，踩着又细又长的鲜红色高跟鞋，Nancy（南希）站在产品发布会的入口处，笑容可掬地迎接着每一位来宾。

由于工作关系，我经常参加类似于这样的活动，Nancy与我过往接触过的企业公关人员不无一致——她们精致而又干练，说话滴水不漏，笑容永远是职业性的微笑，对待每一位来宾永远都是一副热情洋溢的模样。可是每当活动结束、曲终人散之后，我们又都回到各自的世界里去了，从此除了工作上后续的联系再无其他交情，这样的"虚情假意"是我无论如何都不喜欢的。

可是，这次Nancy不同。在活动结束后，她不仅跟每一位接待过的来宾寒暄说再见，而且在后续的工作中一直跟我保持联系。甚至有一次她路过我们公司，特地把我喊了下来请我喝杯咖啡。Nancy在用她的主动与热情跟每一个人保持良好的关系。

再次见到Nancy，她早已离职，自立门户。凭借着过往的工作经历，Nancy开了一家属于自己的公关公司。我受邀去参加她公司的开业仪式。仪式当天，我的同行们几乎全都来了，这时我才意识到Nancy的人缘是如此之好，亦或者说，她平日里那么努力地维护与各色人等的关系，终于见到了成效。

小Y是我的同行好友，也是Nancy的老乡，对于Nancy的背景自然了如指掌。Nancy的老爸曾经是机关公务员，在二十世纪八十年代末九十年代初，毅然决然摔掉铁饭碗，下海经商。二十多年来的摸爬滚打，让整个家庭富裕指数直线上升。作为家中独女，Nancy从高中时便被送到国外读书，一直到大学毕业后在国外工作了三年才回国。回国伊始，认识了一名台湾男子，这位男子家中也是有产有业，双方门当户对，自然很快便谈婚论嫁。结婚之初，双方父母都希望Nancy当一名全职太太。可是Nancy却说不，她要有自己的一片天地。于是，先是在一家公司里谋了一份公关的职位，随后便开了这家公关公司。

开业现场，Nancy依旧带着她那标志性的笑容和嗲声嗲气周旋在来宾之间。相比于第一次见到她时，此刻我对于她的笑容多了一份理解和包容。

再后来，我跟Nancy渐渐熟络起来。每次见到她时，永远是一副光彩照人的样子，当然也永远少不了她那标志性的微笑。有时候我在想，像Nancy这样的女孩子，应该不知道"忧愁"为何物的——有钱有颜有人爱，这样的人生赢家天生就应该天天笑出声来的。

后来，我才发现事实的真相不是这个样子。某一日，Nancy给我打电话求助，原来她接了一个高端楼盘项目的开盘活动，但是临近活动日期，几个手下却齐齐辞职，逼得她只能寻找外援。我那天晚上与她一起加班至凌晨，刚要合上电脑准备回家，仅剩下的五名员工里，有一个负责现场接待的男生当场提要求加薪，如果不答应，那么第二天的活动他不仅不会出现在现场，而且会把现场请的嘉宾名单也统统带走。听到这里，我气不打一处来，怒斥了他，可是Nancy却"忍气吞声"答应了他的无理要求。

活动一结束，Nancy便把这位要加薪的男生请到一旁，把工资当场结算清楚，请他走人。这个男生暴跳如雷，一边用恶毒的语言攻击Nancy，一边拿起餐饮桌上的盘子就往Nancy身上扔。Nancy当场头破血流，在去医院的路上一边安排着后续收尾工作，一边报了警。

这是我第一次感受到了Nancy创业的不容易。在医院我心疼地看着她说，你这又是何必呢？原本可以在家享清福，却要出来受这些罪。Nancy笑着说，我宁肯天天在外边干活累到哭，也不愿意天天坐在家里无聊地傻笑。

亲身经历了她创业的艰辛与不易后，我对她愈来愈壮大的事业心开始慢慢产生佩服。在接下来的一年多当中，Nancy果真带着自己的团队越做越大，她也开始越来越忙，我们见面的时间也愈来愈少。

再次见到Nancy，是她刚刚出席完她妈妈的葬礼。得知这个消息时，我诧异不已。直到那时，我才知道，过去的几年间，Nancy的妈妈一直饱受乳腺癌的困扰，而她的爸爸非但没有陪伴在她妈妈身边，反而在外边找了一个几乎与Nancy同龄的女朋友——电视剧中的狗血剧情竟然就在她父母身上上演。也直到那时，我才知道，Nancy创业最艰难的时刻，也是她妈妈与病魔斗争最痛苦的时刻。Nancy坚持把妈妈接到自己身边来，平日里带着自己的团队创业，一有时间就跑医院。而这一切，Nancy选择了自己扛——为了抗议自己亲生父亲的不耻行为，Nancy坚持不用父亲的一分钱，坚持用自己赚的钱来给妈妈治病。

"其实，我也可以不用这么辛苦的，老公一个人工作就足够养活我。可是我还是想为妈妈做点事情，不想在这样的情况下自己只会依赖自己的老公。况且老爸都能出轨，让我怎么心安理得靠男人去生活？" Nancy 笑着跟我说这些话时，我觉得好心疼。我不知道妈妈的离世对 Nancy 有着怎样的打击，但坚强如 Nancy，却从不愿意在外人面前展示任何悲伤。

妈妈走后，Nancy 决定跟自己的故乡、自己的父亲做一个了断，于是她把老家的外婆接到自己身边，伺候老人生活起居。我有时候真的很难相信，像 Nancy 这样一身名牌、十指不沾阳春水的女孩，竟然可以用自己独特的方式把老人的生活打理得井井有条。每次看她晒出的微信朋友圈，永远是一家老小快乐逍遥的样子。

经历了创业的艰辛，家庭的变故后，她身上富家女的标签在我眼中慢慢淡化，取而代之的是她永远带给人的笑容与温暖。再次看到她春风拂面的微笑，我觉得 Nancy 是如此美丽。不管面对着什么样的生活，她始终笑靥如花。

来一场间隔年，并不是让你回来有炫耀的资本

去年冬天，我和家人在山西平遥旅行。临近旅行尾声时，我们拼了个团包车去了趟张壁古堡。车上一共四组人，除了我和家人，还有一个妈妈带着儿子，还有一个爸爸带着一对儿女，还有一个休学出来进行间隔年的90后女生。

这个90后的女生上大二，去年年初申请了一年的休学，随后便开始了自己的间隔年。先是东南亚，而后是非洲，又去了大洋彼岸的美洲，最后回到国内，从西藏开始一路往北京方向走，这次到山西平遥已经是她间隔年的终点。她说已经买了后天回北京的火车票，准备回家和父母团圆过年。

　　我在想，必定是家境优渥，有父母做强大的后援支持，否则一个毫无生存能力的小女生如何跑遍世界？果不其然，她说一路上花费都是父母资助而来，我为她有这样开明的父母甚是感到幸运。

　　一路上，这位90后的女生都在喋喋不休地讲述自己的间隔年经历，一开始大家还饶有兴致，可是很快便沉默不语。因为她言语中无不透露着一种"无知者的炫耀"，比如说到她在美国游历时，她便会嘲讽自己国内那些只会死背单词却说不出一句完整英语句子的同班同学；比如说到她在非洲游历时，她便会觉得一个人"独闯战火弥漫之地"有多么酷；再比如说到她回到国内旅行的经历时，又显示出一种"国外哪哪都好，国内哪哪都不好"的崇洋媚外心理。

　　我心里默默叹口气，通情达理的父母、毫无后顾之忧的经济保障，这位女生本可以利用间隔年让自己变得更加"厚重"，让内心更加充盈和丰厚。可是千金散去换来的却只是可以在旁人面前炫耀自己走过多少地方的资本而已，如此实在太过可惜。

　　无独有偶，就在前不久，我的一位老朋友创业开公司，正在大规模的人员招聘。朋友便邀我过去帮忙一起"物色"几个合适的人选。那一场面试一共有五个候选人，恰好其中有一位女生也是刚刚从东南亚间隔年回来。这位女生大学毕业时并没有立即就业，而是出去游历了半年，几乎"人财两空、弹尽粮绝"时才不得不回来找工作上班。在整个面试过程中，她一直在滔滔不绝、口若悬河地讲述自己过往半年的各种经历。几乎令我倒吸一口凉气的是，这个女生的言语中间所表露出来的那种"炫耀"的味道与之前在平遥时遇到的那个90后女生何其相似！

间隔年的生活方式最早起源于西方，是指年轻人在升学或者毕业之后工作之前做一次长期旅行，让学生在步入社会之前体验与自己生活的社会环境完全不同的一种方式。这种旅行方式一方面可以培养年轻人的国际观念和积极的人生态度，另一方面也能让其学习生存技能、加强对自我的了解，从而让他们找到自己真正想要的工作或者生活方式。

2011年，我和自己的另一半也辞职去旅行了三个多月时间。只是，当时并未接触到间隔年这一个概念。旅行结束后，我们很快又回归到正常的生活中。随后才发现，间隔年的概念在中国的年轻人中间已经日趋流行，不管是还在上学的还是刚踏入社会不久的，都渴望来一场说走就走的旅行。

传媒一波又一波的报道更是将"间隔年"这一概念"炒作"到极致。"人活着就是看看这个世界"、"再不旅行我们就老了"、"在路上你才能发现真正的自己"、"不走出去你永远不知道世界是什么样子"……这些荡气回肠的豪言壮语让荷尔蒙分泌旺盛的年轻人跃跃欲试。所以每当有人环游世界归来，被媒体报道然后红极一时，年轻人便会觉得自己也应该拥有那样的生活。

其实，从我个人的亲身经历来看，我是非常推崇间隔年的。有些人出去间隔年，是为了看看更广阔的世界；有些人出去间隔年，是为了逃避现实的压力和烦恼；还有一些人，出去是为了寻找自己内心的一些东西。逃避也好，找寻也好，都无可厚非。然而推崇间隔年并不代表所有的人都效仿，更不代表所有人都应该不顾一切去盲从潮流。非常遗憾的是，现在一些太过年少、缺少历练的年轻人，只是受到"蛊惑"后便休学、辞职去间隔年，不知道自己真正想要的是什么，当自己出去游历了一圈之后，回来两手空空，除了炫耀一下自己"××天游历××国"这种"荣誉标签"之外便再无其他，一如我文章开头提到的那两位女生。

如今，越来越多的间隔年实践者开始把自己的经历写成书，然后取一个博人眼球的书名，便可以摆放在书店醒目的位置。我曾经驻足在这些书籍面前，粗粗翻过一遍后，发现大多数内容基本停留在"记流水账"的层面上，少有自己的一些发人深省或耐人寻味的感悟分享于众。再翻翻这些作者的简介，实在太过年轻。我想，这也难怪，没有足够生活阅历和工作经历的年轻人，和那些阅遍千山万水、历经繁花似锦的年长者，即便看到的是同一片湖海，同一座伟岸雄山，所体会的五味杂陈肯定也不一样。

　　我之前所就职的一家公司，销售部门的L总曾经在30岁的时候有过间隔年的梦想，可是繁重的业绩让她几乎喘不过气来，梦想一再搁置。3年后，她病倒在去见客户的路上，从医院出来那一刻，她下定决心辞职，去实现自己三年前对自己的承诺。于是，2013年成了她的间隔年，从东南亚一路走到南非。一路上的所见所闻，让她不停思考，更让她曾经急躁的心态慢慢平和下来。还没等旅行结束，她曾经落下的病根几乎快要好了。也正是通过这次间隔年，L总终于想明白了自己追求的是平静的心态和生活。于是，旅行结束后，她拒绝了好多家公司伸过来的橄榄枝，选择定居大理，如今她的生活安详美好。

　　所以，我不太主张涉世未深、一张白纸般的年轻人在没有想清楚自己想要的是什么时，便冲动去休学去辞职。除去金钱等因素，间隔年对于每个人来说，都是一个太过难得的机会。当你并没有强烈的冲动要从这次旅行中有所收获时，那么请不要轻易浪费这样的一个机会。

　　至于想要靠这样一场旅行来让自己变得了不起，让自己有了在外面炫耀的资本，那么我只能说，这种攀比和炫耀式旅行并非真正意义上的间隔年旅行。正如游历广泛的英国作家毛姆所言，"一个人的生活不同一般不会令他非凡，与此相反，要是一个人非凡，他会从乡村牧师那样单调的生活中创造出不同一般。"

　　以前小时候，大人们总希望自己的孩子能够多读点书，特别是名著。可是长大后才慢慢发觉，那些名著里所探讨的话题往往都涉及人生的哲学问题，而对于一个小孩子来说，即便囫囵吞枣般地读完，也难以真正理解其中的道理。只有当一个人慢慢长大，在成长的道路上跌倒、流血流泪、欢笑痛哭之后，再次细细品味那些名著，才会恍然大悟。

　　其实，在某种程度上，践行间隔年和读名著道理是相通的。人生的道路还很漫长，在没有认识到眼前生活的真实面目之前，何必急着出去看更广阔的世界呢？

作者介绍

◆

这么远那么近　畅销书作家，广告策略总监，电台主播，国家二级心理咨询师，心理催眠师。曾出版：《爱上一个人的花开》《最后一个夏天》《无尽意》《自然而然》《有些路，只能一个人走》《我知道你没那么坚强》等作品。

三公子　江苏人在江苏，太阳天秤，上升金牛，月亮射手，水星天秤，金星处女。曾出版《工作前5年，决定你一生的财富》。

老妖　不靠谱作者，靠谱编辑，逗逼型分裂少女，只想要做个有趣而且认真而且努力的人。微博@老妖要fighting，豆瓣@老妖，微信@好姑娘光芒万丈。

王逅逅　人人网百万粉丝，豆瓣红人，曾出版《体验美国中学教育》《美国，真的和你想的不一样》，以及新书《像她那么有范儿》。

凉公子　江南无锡人，旅居日本，2011年开始在豆瓣网记录自己生活，风格：温暖、风趣，做饭、制陶、手工、摄影、发呆、打瞌睡是日常，曾做过公司职员，日语老师，料理店侍应。目前主业：制陶，副业：一堆，最近爱好：在自家阳台上种菜。值得高兴的事：即使面容每天都在变老，但有颗永远都年少的心。曾出版畅销书《世界是自己的，与他人无关》。

派妮　豆瓣红人，书评人，现在在某房产公司做品牌部经理。曾经与老公辞职环游中国3个月，从上海去杭州，只为做更好的自己。

只要努力，5 年后的你，是什么样子的？告诉我们吧。

想飞上天

和太阳肩并肩

世界等着我去改变

想做的梦

从不怕别人看见

在这里我都能实现

给 5 年后的自己写封信吧，描述一下，5 年后的你，是什么样的呢？从现在就开始努力的你，5 年后的愿望，还会遥远吗？不论是事业、情感、个人成长、财务自由……5 年后的你正带着闪闪发光的微笑，大步向你走来——很感谢，现在就在努力的你哦！

文字内容发给我们的公众号"一猫一朵一生活"，不限长短，我们将摘取部分内容发送。这样，5 年后的你，也许能在微信朋友圈里，随时冒出来，提醒你——越努力，越幸运。